玩转机器人

巡线竞速机器人的原理与制作

主 编：刘 波

江蘇鳳凰教育出版社
Phoenix Education Publishing, Ltd

图书在版编目（CIP）数据

玩转机器人 ：巡线竞速机器人的原理与制作/ 刘波主编.
— 南京 ：江苏凤凰教育出版社，2014.7
ISBN 978-7-5499-4090-5

Ⅰ. ①玩… Ⅱ. ①刘… Ⅲ. ①机器人－青少年读物
Ⅳ. ①TP242-49

中国版本图书馆CIP数据核字(2014)第110371号

书　　名	玩转机器人——巡线竞速机器人的原理与制作
主　　编	刘　波
责任编辑	午新生　雷利军　孙　建
出版发行	凤凰出版传媒股份有限公司
	江苏凤凰教育出版社（南京市湖南路1号A楼　邮编210009）
苏教网址	http://www.1088.com.cn
照　　排	红十月图文设计有限公司
印　　刷	三河市九洲财鑫印刷有限公司
厂　　址	河北省三河市灵山大口
开　　本	787毫米×1092毫米　1/16
印　　张	7.5
字　　数	113千字
版　　次	2014年7月第1版 2014年7月第1次印刷
书　　号	ISBN 978-7-5499-4090-5
定　　价	22.00元
网店地址	http://jsfhjycbs.tmall.com
邮购电话	025-85406265，85400774　短信 02585420909
E － mail	jsep@vip.163.com
盗版举报	025-83658579

前言

机器人已经越来越多地融入到人类的生产和生活中。作为21世纪的青少年，更应该学习和掌握机器人及机器人技术的知识，提高自身的专业技能和科学素养，为社会主义现代化建设做出应有的贡献。

LEGO Mindstorms NXT是新一代教育机器人，鼓励学生通过玩中学去探索科学、技术、工程和数学知识。使用LEGO NXT搭建技术平台，学生可以进行设计、搭建、编程、测试机器人，通过挑战开放式工程项目，提高学生的创造力和解决问题的能力。帮助学生以后走上社会更好地与人沟通、与人合作。

新一代LEGO机器人采用先进的32位处理器，交互式伺服电机、声音传感器、超声波传感器和其他传感器，具有蓝牙通讯功能。图形化编程软件NXT-G是在许多工程和研究领域里面广泛使用的NI LabVIEW虚拟仪器软件基础上开发的。

本书详细介绍了新一代LEGO机器人硬件和软件系统、常见传感器及其应用等，而且把NXT-G各个功能模块的使用说明恰当地融入到机器人制作的5个案例中，这样，可以让学生在解决问题完成任务的实践过程中，更好地掌握和巩固所学的理论知识。

因为时间仓促，本书在编写的过程中难免存在不足之处，希望广大老师和学生给我们提出宝贵的意见，完善本书的内容，更好地为老师和学生服务。

编　者

2014年4月

目 录

第一单元 走进机器人世界/1

第二单元 认识乐高教育机器人/23

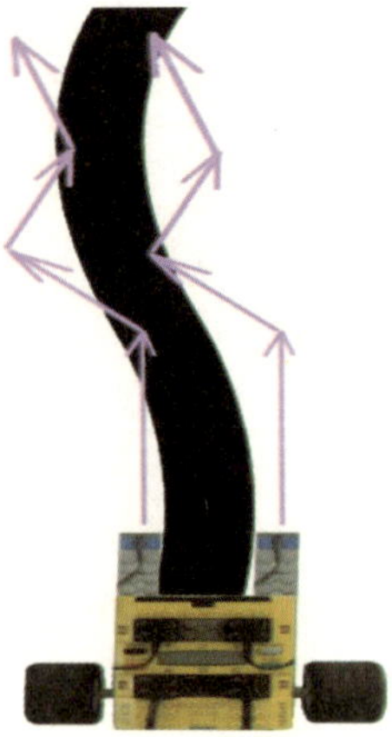

第六单元 巡线投篮小车/87

第七单元 巡线搬运小车/97

第八单元 巡线接力小车/107

第一单元
走进机器人世界

一、机器人与人

1.机器人是人类的助手和朋友

机器人作为20世纪人类最伟大的发明之一，自问世以来，经历多年的发展已取得长足的进步。作为机器人家族中最早的工业机器人现在已经成为制造业中不可少的核心装备，它们正与工人们并肩战斗在各条战线上。作为机器人家族中后起之秀的特种机器人，其用途十分广泛。仿人形机器人、农业机器人、服务机器人、水下机器人、医疗机器人、军用机器人、娱乐机器人等各种用途的特种机器人纷纷面世，而且正在向实用化迈进。

人类为什么要发展机器人呢？其实，机器人的出现与快速发展是社会和经济发展的必然结果，是为了提高社会的生产水平和人类的生活质量，让机器人替代人类干那些人类干不了、干不好的工作。在现实生活中有些工作会对人体造成伤害，譬如喷漆、重物搬运等；有些工作要求质量很高，人类难以长时间胜任，譬如汽车焊接、精密装配等；有些工作人类无法身临其境，譬如火山探险、深海探密、空间探索等；有些工作不适合人类去干，譬如一些恶劣的环境、一些枯燥单调的重复性劳作等；这些都是机器人大显身手的地方。

机器人已经实际应用在许多领域：现代化的汽车装配厂里可以采用机器人（手臂）生产汽车；机器人（手）可以用在特殊场合实施救援，如处理炸弹等危险物品；“四足”机器人，能够帮助士兵携带重型设备攀爬雪原和山坡；机器人教师可以替代教师讲课，而且，它们比真教师更有耐心，不容易生气等优点；“类人型”机器人可以替代真的病人，提供给实习医生做实习之用，使实习医生可以直接改善治疗技能；“步行机器人女佣”可以替代家庭主妇，清洁家庭，用洗衣机洗衣服，甚至用微波炉加热食物等；此外，机器人还可以模仿人类的表情，譬如，机器人HRP-4C,就具有生气和惊奇等表情，机器人还可以娱乐人们，譬如，足球机器人进行足球比赛以供人们欣赏等。

虽然，机器人已经广泛地应用于现实生活中，但是在现代社会里，人们对于机器人，还不是很了解，甚至在某些方面还存在一些认识误区。譬如，在有些人的眼里，机器人就是神通广大的“万能机器”，可以上天入地，无所不能；但当他们看到现实中的机器人时，又会大失所望，认为机器人太普通，不能称为机器人。还有一些人则认为机器人的形状必须像人，不像人怎么能叫作机器人呢，然而，现实中的大多数机器人的样子不像人。

2.机器人学

“机器人学”(robotics)一词第一次被使用在艾萨克·阿西莫夫的短篇科幻小说Liar，初次出版在1941年5月的《超级科学故事》（Analog Science Fiction and Fact）杂志上。

“机器人学”作为一门多学科交叉形成的综合性学科，集成了运动学与动力学、机械设计与制造、计算机硬件与软件、控制与传感器、模式识别与人工智能等学科领域的先进理论与技术。

作为21世纪的青少年，必须学习和掌握机器人与机器人技术的知识，提高自身技能和科学素养，为我国社会主义现代化建设贡献力量。

二、机器人的定义和组成

在世界各国不同的语言中，Robot是机器人的代名词。

各国科学家从不同的角度出发，给出的机器人定义也有所不同。综合各种定义，可将机器人理解为：机器人是一种在计算机控制下的可编程的自动机器，根据所处的环境和作业需要，它具有至少一项或多项拟人功能，另外还可能不同程度地具有某些环境感知能力（如视觉、力觉、触觉、接近觉等），以及语言功能乃至逻辑思维、判断决策功能等，从而使它能在要求的环境中代替人进行作业。

我国科学家对机器人的定义：机器人是一种自动化的机器，所不同的是这种机器具备一些与人或生物相似的智能能力，如感知能力、规划能力、动作能力和协同能力，是一种具有高度灵活性的自动化机器。

机器人是由控制器、动力源、传动机械和传感器等组成的有机整体。通过传感器对外部环境的感知功能，采集信息输入控制器，后者对输入信息进行计算、判断和决策，然后输出指挥行动的命令到传动机械。控制器中的控制程序是机器人控制的核心，它告诉机器人要做什么事情，通过编制不同的控制程序，机器人可以执行不同的任务。例如：我们在设计灭火机器人时，必须有眼睛（传感器），能看到哪里着火了；必须有脚（传动机械），能快速到达火源所在地；还必须有手（传动机械），能拿着灭火器具来灭火；而眼、手、脚之间的协调是靠机器人控制器（如单片机）来完成的。当然，机器人还要有能量来源（动力源），如电池、太阳能等。

具体来说，机器人一般由以下五个部分组成。

1.机械本体——手和脚

机器人的机械本体基本上分为两大类：一类是操作本体机构，它类似人的手臂和手腕，配上各种手爪与末端操作器后可进行各种抓取动作和操作作业，工业机器人主要采用这种结构。另一类为移动型本体结构，主要目的是实现移动功能，主要有轮式、履带式、足腿式结构以及蛇行、蠕动、变形运动等机构。壁面爬行、水下推动等机构也可归于这一类。

2.驱动伺服单元——动力输出

机器人本体机械结构的动作是依靠机器人的关节驱动，而大多数机器人是基于闭环控制原理进行的。伺服控制单元的作用是使驱动单元驱动关节，并带动负载朝减少偏差的方向动作。已被广泛应用的驱动方式有液压伺服驱动和电机伺服驱动。

3.计算机控制系统——机器人的大脑

各关节伺服驱动的指令值由主计算机计算后，在各采样周期给出。主计算机根据示教点参考坐标的空间位置、方位及速度，通过运动学逆运算把数据转变为关节的指令值。

通常的机器人采用主计算机与关节驱动伺服计算机两级计算机控制，有时为了实现智能控制，还需对包括视觉等各种传感器信号进行采集、处理并进行模式识别、问题求解、任务规划、判断决策等，这时空间的示教点将由另一台计算机的上级计算机根据传感信号产生，形成三级计算机系统。

4.传感系统——机器人的眼睛

为了使机器人正常工作，必须与周围环境保持密切联系，除了关节伺服驱动系统的位置传感器（内部传感器）外，还要配备视觉、力觉、触觉、接近觉等多种类型的传感器（外部传感器）以及传感信号的采集处理系统。

5.输入/输出系统接口

为了与周边系统及相应操作进行联系与应答，机器人还需要有各种通讯接口和人机通信装置。如工业机器人一般提供一个内部PLC，它可以与外部设备相联，完成与外部设备间的逻辑与实时控制。一般还有一个以上的串行通信接口，以完成磁盘数据存储、远程控制及离线编程、双机器人协调等工作。一些新型机器人还包括语音合成和识别技术以及多媒体系统，实现人机对话。

三、机器人的发展史

早在三千多年前的西周时代，我国就出现了能歌善舞的木偶，称为“倡者”，这可能是世界上最早的“机器人”。

在近代，随着第一次、第二次工业革命，各种机械装置的发明与应用，世界各地出现了许多“机器人”玩具和工艺品。这些装置大多由时钟机构驱动，用凸轮和杠杆传递运动。

1920年，捷克作家卡雷尔·卡佩克（Karel Capek）在一部科幻剧本中首次提出了“ROBOT”（汉语前译为“劳伯”）这个词，现在已被人们作为机器人的专用名词。此后，美国科幻作家Isaac Asimov（1920－1992）提出了“机器人学”这一概念，并提出了所谓的“机器人三原则”，即：

（1）机器人不可伤人；

（2）机器人必须服从人给予、但不和（1）矛盾的指令；

（3）在与（1）、（2）原则不相矛盾的前提下，机器人可维护自身不受伤害。

20世纪50－60年代，随着机构理论和伺服理论的发展，机器人进入了实用阶段。1954年，美国的G.C.Devol发表了“通用机器人”专利。1960年，美国AMF公司生产了柱坐标型Versatran机器人，可作点位和轨迹控制，这是世界上第一种用于工业生产上的机器人。

20世纪70年代，随着计算机技术、现代控制技术、传感技术、人工智能技术的发展，机器人得到了迅速发展。1974年，Cincinnati Milacron公司成功开发了多关节机器人。1979年，Unimation公司又推出了PUMA机器人，它是一种多关节、全电动驱动、多CPU二级控制；采用VAL专用语言；可配视觉、触觉、力觉传感器的工业机器人，现在的工业机器人结构大体上是以此为基础的。这一时期的机器人属于“示教再现”（Teach-in/Playback）型机器人，只具有记忆、存储能力。按相应程序重复作业，但对周围环境基本没有感知与反馈控制能力，这种机器人被称作“第一代”机器人。

进入20世纪80年代，随着传感技术，包括视觉传感器、非视觉传感器（力觉、触觉、接近觉等）以及信息处理技术的发展，出现了“第二代”机器人—有感觉的机器人，它能够获得作业环境和作业对象的部分信息，进行一定的实时处理，引导机器人进行作业，“第二代”机器人已进入了实用化，在工业生产中得到了广泛应用。

“第三代”机器人是目前正在研究的“智能机器人”。它不仅具有比第二代机器人更加完善的环境感知能力，而且还具有逻辑思维、判断和决策能力，可根据作业要求与环境信息自主地进行工作。 下面，介绍智能机器人研究过程中的三个重要知识点。

1.机器人足球世界杯（RoboCup）

机器人足球世界杯(RoboCup)是一个为促进足球机器人的发展而创立的国际性的研究和教育组织，它通过提供一个标准问题来促进人工智能和智能机器人的研究。这个领域可以集成并检验很大范围内的技术，同时也可以作为面向教育的集成性项目。RoboCup的活动包括学术会议、机器人世界杯比赛、RoboCup挑战计划、RoboCup教育计划等。

RoboCup是为了推动科学进步，其意图是通过提供引人瞩目但又非常困难的挑战，将RoboCup作为促进人工智能和机器人学研究的工具。促进研究的有效途径是制定一个长期目标，而不拘泥于某一特定应用。当这个目标完成时，将产生巨大的社会影响，这就可以称之为重大挑战计划。建造一个会踢足球的机器人本身并不能产生巨大的社会和经济影响，但是这种成功的确会被认为是这个领域的重大成果。我们把这种计划称为“划时代的计划”。RoboCup既是一个标准问题，也是一个划时代的计划。RoboCup的最终目标是：到21世纪中叶，一支完全自治的人形机器人足球队应该能在遵循国际足联正式规则的比赛中，战胜人类世界杯冠军队。

划时代的三大计划

	1.阿波罗计划	2.计算机国际象棋	3.RoboCup
目标	送一个宇航员登陆月球并安全返回地球	开发出能战胜人类国际象棋世界冠军的计算机	开发出能像人类那样踢球的足球机器人
技术	系统工程，航空学，各种电子学等	搜索技术，并行算法和并行计算机等	实时系统，分布式协作智能体等
应用	遍布各处	各种软件系统、大规模并行计算机	下一代人工智能，现实世界中的机器人和人工智能系统
现状	已完成	已完成	正在进行中

2.计算机国际象棋（人机大战）

1996年2月10－17日，在美国费城举行了一项别开生面的国际象棋比赛：世界棋王卡斯帕罗夫对垒“深蓝”计算机。在这场人机对弈的6局比赛中，卡氏以4：2战胜电脑，获得40万美元奖金。“深蓝”计算机是一台由国际商用机器公司（IBM）技术人员历经6年时间研制成功的带有31个处理器并行的超级计算机，其具有高速计算的优势，3分钟内可以检索500亿步棋，而其弱点是不能总结经验。这次人机比赛是为了纪念首部电脑诞生50周年而举办的。比赛时（下面的左图），面对棋王而坐的是“深蓝”研制小组代表许峰雄。

卡斯帕罗夫对垒“深蓝”

卡斯帕罗夫对垒“更年少者”

“人机大战”项目目前已经宣告完成。主要有以下一些重要事件：

1958年，名为“思考”的IBM704成为第一台同人下棋的计算机，思考速度每秒200步；

1977年，国际象棋软件4.0被开发出来，这是未来下棋程序的基础；

1979年，国际象棋软件4.9达到专家级水平；

1983年，BELLEAT&T开发了国际象棋硬件，达到了大师水平；

1987年，“深思”以每秒75万步的思考速度露面，水平相当于拥有国际等级分2450的棋手；

1988年，“深思”击败丹麦特级大师拉尔森；

1989年，“深思”已经有6台信息处理器，每秒思考速度达200万步，但在与世界棋王卡斯帕罗夫进行的“人机大战”对阵中以0比2败北；

1990年，“深思Ⅱ”产生，使用IBM的硬件，吸引了前世界棋王卡尔波夫与之对抗；

1993年，“深思Ⅱ”击败了丹麦国家队，在与前女子世界冠军小波尔加的对抗中获胜；

1996年，“深蓝”诞生，其棋力（性能）高于“深思”数百倍，但在与卡斯帕罗夫的挑战赛中，“深蓝”以2比4失利；

1997年，“更深的蓝”开发出了更加高级的“大脑”，4名国际大师参与IBM的挑战小组，为电脑与卡斯帕罗夫重战出谋划策，最后“更深的蓝”以3比2击败了卡斯帕罗夫，卡斯帕罗夫要求重赛，但没有得到回应；

2001年，一家德国公司开发的国际象棋软件“更弗里茨”击败了卡斯帕罗夫、阿南德以及除了克拉姆尼克之外的所有排名世界前十位的棋手；

2002年10月，“更弗里茨”与克拉姆尼克在巴林进行“人机大战”，思考速度为每秒600万步，双方以4比4战平；

2003年1－2月，由两位以色列电脑专家研究出的“更年少者”与卡斯帕罗夫举行人机大战，双方3比3战平（前一页右图）。

3.机器人足球赛

机器人足球赛，顾名思义，就是制造和训练机器人进行足球比赛。通过这种方式来提高人工智能领域、机器人领域的研究水平。机器人足球赛涉及人工智能、机器人学、通讯、传感、精密机械和仿生材料等诸多领域的前沿研究和技术集成，实际上是高技术的对抗赛。从1997年起，每年举办一届机器人世界杯足球赛。比赛有严格的比赛规则，融趣味性、观赏性、科普性为一体。机器人足球赛从一个侧面反映了一个国家信息与自动化领域基础研究和高技术发展的水平。

RoboCup足球机器人仿真组（下面左图）

RoboCup足球机器人小型组（下面中图）

RoboCup足球机器人中型组（下面右图）

仿真组

小型组

中型组

RoboCup标准平台组

在RoboCup标准平台项目中，参赛队采用统一的机器人硬件。因此，参赛队着重开发软件系统，让最先进的机器人进行足球比赛。比赛中采用的机器人是完全自主的，不需要人或者电脑的任何外部控制。标准平台组的比赛还分为两腿类人机器人（Nao）和四腿机器狗（Aibo）两个项目。

RoboCup四腿机器狗

四腿机器狗足球赛统一使用索尼（Sony）公司生产的“爱宝”机器狗作为比赛专用机器人（下面左图），比赛在4.2m×2.8m的绿色场地上进行。比赛双方各有四个机器人上场，上下半场各10分钟，队员之间可以进行无线通讯，但禁止任何形式的远程控制，从而保证每一支球队都是一个独立系统。

RoboCup足球机器人类人组

比赛以各队自己开发的人形机器人作为比赛专用机器人，分为规定动作部分和自由发挥部分。规定动作部分包括单腿站立1分钟、行走、踢球、点球比赛（下面右图）等，自由发挥部分，每队有5分钟时间展示机器人的各个动作，由裁判从技术和艺术两方面进行评分。

四腿机器狗

人形机器人

四、机器人的分类

一般来说，按照机器人的用途，把机器人划分为军用机器人和民用机器人两大类。

1.军用机器人

(1) 地面机器人

地面机器人主要是指智能或遥控的轮式和履带式车辆。地面机器人又可分为自主车辆和半自主车辆，自主车辆依靠自身的智能自主导航，躲避障碍物，独立完成各种战斗任务；半自主车辆可在人的监视下自主行驶，在遇到困难时操作人员可以进行遥控干预。

(2) 空中机器人（无人机）

被称为空中机器人的无人机是军用机器人中发展最快的家族，从第一台自动驾驶仪问世以来，无人机的基本型号已达到300多种，目前在世界市场上销售的无人机有4000多种。纵观无人机发展的历史，可以说现代战争是无人机发展的动力，高新技术的发展是它不断进步的基础。美国是研究无人机最早的国家之一，今天，无论从技术水平还是无人机的种类和数量来看，美国均居世界首位，利比亚战争，抓捕本拉登的斩首行动，针对伊朗、叙利亚等国的侦察活动等美国均使用了无人机，伊朗捕获的美国无人机型号是RQ－170。目前，美国有RQ－4A全球鹰无人机、X－47B无人机；英国有“雷电之神”无人机；法国有“神经元”无人机；中国有“翼龙”无人机。

(3) 水下机器人

水下机器人分为有人潜水器和无人潜水器两大类。有人潜水器机动灵活，便于处理复杂的问题，但人的生命可能会有危险，而且价格昂贵。无人潜水器就是我们一般所说的水下机器人，“科夫”就是其中的一种，它适于长时间、大范围的考察任务。按照无人潜水器与水面支持设备（母船或平台）之间联系方式的不同，水下机器人又可以分为两类：一种是有缆水下机器人，习惯上把它称做遥控潜水器，简称ROV；另一种是无缆水下机器人，潜水器习惯上把它称做自治潜水器，简称AUV。

(4) 空间机器人

空间机器人是一种低价位的轻型遥控机器人，可以在行星大气中导航及飞行，为此，它必须克服许多困难。例如，它要能在一个不断变化的三维环境中运动并自主导航，几乎不能够停留，必须能实时确定它在空间的位置及状态，要能对它的垂直运动进行控制，要为它的星际飞行预测及规划路径等。

2. 民用机器人

(1) 工业机器人

工业机器人是指在工业作业中应用的一种能在三维空间进行自动控制的、可重复编程的、多功能的、多自由度的、多用途的机电一体化自动化生产设备，能仿人搬运材料、工件或操持工具，用以完成各种作业，而且这种操作机可以固定在一个地方，也可以在往复运动的小车上。工业机器人由操作机（机械本体）、控制器、伺服驱动系统和检测传感装置构成，特别适合于多品种、变批量的柔性生产，它对提高产品质量，提高生产效率，改善劳动条件和产品的快速更新换代起着十分重要的作用。工业机器人并不是在简单意义上代替人的劳动，而是综合了人的特长和机器特长的一种拟人的电子机械装置，既有人对环境状态的快速反应和分析判断能力，又有机器可长时间持续工作、精确度高、抗恶劣环境的能力，从某种意义上说，它也是机器的进化过程产物，它是工业以及非产业界的重要生产和服务性设备，也是先进制造技术领域不可缺少的自动化设备。工业机器人的应用情况，是一个国家工业自动化水平的重要标志。

（2）服务机器人

服务机器人是机器人家族中的一个年轻成员，到目前为止，它还没有一个严格的定义，不同国家对服务机器人的认识也有一定差异。服务机器人的应用范围很广，主要从事维护、保养、修理、运输、清洗、保安、救援、监护等工作。按照国际机器人权威机构的定义，服务机器人是指除从事工业生产以外的一大类半自动或全自动工作的机器人。

（3）娱乐机器人

娱乐机器人以供人观赏、娱乐为目的，具有机器人的外部特征，可以像人，像某种动物，像童话或科幻小说中的人物等。同时，可以行走或完成动作，可以有语言能力，会唱歌，有一定的感知能力。

（4）类人机器人

从其他类别的机器人可以看出，大多数的机器人并不像人，有的甚至没有一点人的模样，这一点使很多机器人爱好者大失所望。也许你会问，为什么科学家不研制类人机器人？这样的机器人会更容易让人接受。其实，研制出外观和功能与人一样的机器人是科学家们梦寐以求的愿望，也是他们不懈追求的目标。然而，研制出性能优异的类人机器人，其最大的难关就是双足直立行走，因为机器人与人的学习方式不一样，一个婴儿要先学走，再学跑，而机器人则要先学跑，再学走，也就是说机器人学跑更容易些。

（5）农业机器人

由于机械化、自动化程度比较落后，“面朝黄土背朝天，一年四季不得闲”成了我国农民的象征。但近年农业机器人的问世并广泛应用，改变了传统的劳动方式。

五、机器人的应用

1.最迷你的机器人

想象一下，机器人小得能够爬进管道里去检查化学物质的渗漏情况，或者能从门缝底下钻进屋里监视入侵者。美国国立桑迪亚实验室的研究人员发明了这种迷你自动机器人“车”，可以完美地执行上述任务。它比樱桃还小，由三节手表电池供电，可以携带微型照相机、麦克风和化学微传感器等。

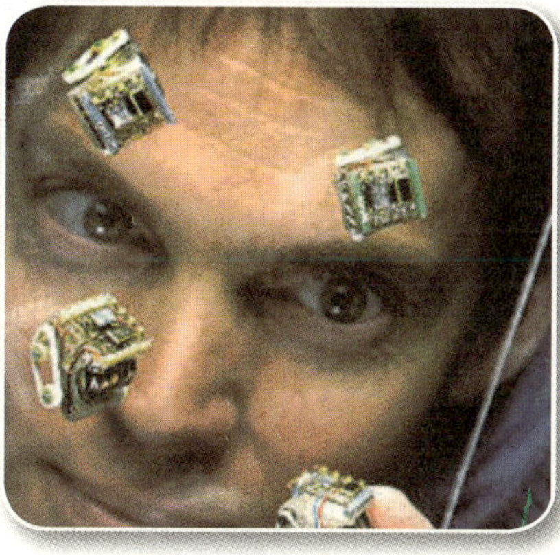
迷你自动机器人“车”

2.模范雇员——办公机器人

她总是很准时，且毫无怨言，同时还非常小巧。这就是办公机器人“协作者”，发明者是电子机器人公司。这个大约有3英尺高，配有奔腾芯片发动机的机器人在以每小时1英里的速度缓慢前行时，使用声纳感应器避开墙壁与行人。一台位于她那可旋转的、起重机般的颈部上方的数字照相机，能将远处的生产线、建筑工地或者办公区的图片以无线传输的方式直接传送给老板。在未来的家庭版机器人的试验性设计中，可能会考虑将她变为家庭保姆。

协作者

3.机器人捉虫能手

相信这样的情景对于每个园艺爱好者来说都像是恶梦：肥大的鼻涕虫在生菜叶上钻满了孔洞，在西红柿上蛀满了圆坑。如今，加利福尼亚科技学会的计算机科学家兰恩·凯利发明了一个机器人“捉虫能手”，它不仅能准确地识别并消灭害虫，还能以猎物的身体为自己补充电能。其工作方式如下：外形如一台割草机，长长的手臂闪着红光，在地面上寻找类似鼻涕虫的发亮物，并对其外型加以分析，确认目标后将其拾起扔进漏斗。这个小机器人体内装有的细菌会腐蚀掉那些鼻涕虫，这一反应过程中会释放出电能，理论上，可以持续保证机器人的电池供应。凯利说，他已经完善了虫子的识别及捕获系统，但这个机器人捉虫能手距离正式上市仍然还有几年，最大的障碍是将捕获物转换成可利用的电能。虽然生物燃料电池已经进入实验室的测试阶段，但将这一技术应用于鼻涕虫还是有一定的困难。

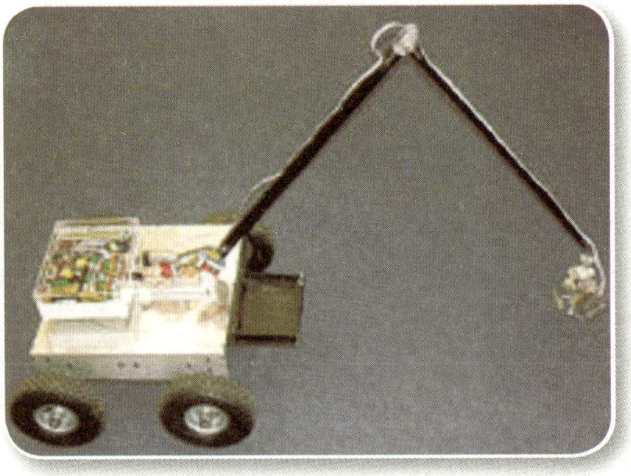
捉虫能手

4.地雷毁灭者

如果你闭上眼睛，拿水枪向房间四周发射，同时仔细倾听。水碰到不同的东西时（墙壁、地毯、困猫等），你会听到不同的声音，这就是“伊兰汀”的工作原理，发明者是大卫·萨莫斯。“伊兰汀”是最新的地雷探测装置，通过向雷区射出水流并监听声音，它能探测并解除地雷的“武装”，无需引爆。绝不用担心缺乏目标：全世界的战区埋藏

伊兰汀

着数以千万计的地雷。

5.机器人真空吸尘器

罗姆巴

让我们面对现实，吸尘器有时还是过于麻烦，所以麻省理工学院的伊罗比特机器人公司发明了“罗姆巴”，这是一种能自动打扫房间的机器人。它装有可充电电池，自己在房间里来回巡视，可以钻并进入沙发下面或床底等人们难以够着的角落，将灰尘一扫而光。它装有传感装置以防止碰撞到墙壁或家具、或不小心滚下楼梯之类的意外。打扫任务完成后，它还会发出骄傲的鸣叫声，然后自动切断电源。

6.辛迪智能娃娃

辛迪智能娃娃

发明者是快思特玩具公司。虽然外表上看起来有点像是来自荒山僻野的落魄儿，但是“辛迪智能娃娃”可不是那种可怕的外星女孩。当然，她是有点儿唬人。她有两个16位的微处理器，还有语音识别软件，胸部装有数码相机，将互动式游戏带入一个全新的境界。这个洋娃娃能算简单的算术、识别基本图形和颜色，可以根据编程对70种问题作出回答，能读卡片（只要是在她所认识的650个英语单词以及少量德语、西班牙语、意大利语、法语单词以内）。如果觉得以上所有的功能太过啰嗦，随时都可以关掉它们，梳理玩弄一下她那头长长的金发（如同对其他洋娃娃做的那样）。

7.火星漫游者

2004年，美国国家航空和宇宙航行局发明了“火星漫游者”，它的首要任务是看火星上有没有水的痕迹，它一天最多能走330英尺，携带九只照相机和三部光谱仪进行科学观察。

火星漫游者

8.机器骑车手

发明者是默瑞塔制造公司。这家伙是个小个子，体重仅11磅，站起来只有20英寸高，但是这个“默瑞塔男孩儿”可以做到其他机器人做不到的事：骑自行车。这得归功于他体内的回转传感器及头上装的一台摄像机，不仅能使他保持直立，还使得他能够密切观察前方，以保证其能够骑着车子沿直线前进。他的胸中装有一个超声波传感器，可以避免头撞南墙的不幸事故，无线传输技术可以使他能够及时与一台电脑沟通，以穿越复杂的地形。如果路面崎岖不平，他还可以借助一个震动传感器来探测振动情况，及时调整自己以保持身体平衡并安稳于车座上。

默瑞塔男孩儿

9.机器人品酒师

这个习惯蹲坐，脑袋会转来转去的小机器人有一项特别的本领：品酒，发明者是日本电气公司及三重大学。它的左臂中装有红外线传感器及分光计，通过对瓶中的酒，例如索维浓白葡萄酒，进行光波扫描，这个小机器人可以分析出酒的化学成分，对其类型、品牌及口味进行判断，然后相应的配食建议（它会以自己特有的尖细声调给予“汇报”）。日本电气公司的机械斟酒员是公司位于东京的研发实验室最新出的带“光学舌头”的机器人，它的第一代（帕佩罗）擅长鉴别食品。

品酒师

10.宠物小恐龙

发明者是美国优高博公司。许多机器人玩具看上去像真的生物一样，但一行动起来，就感觉不是那么一回事了。“普雷奥”则不是这样，它以小卡玛拉龙(一种食草恐龙)为原型，以完全仿真为设计目标。当它走路的时候，整个身体摇摇摆摆的，十分可爱。这只毛茸茸的小家伙身上竟装备了三十多个感应器，能够感应触摸、声音和光线，并能协调动作，它甚至还有自己的情绪。如果你不理睬“普雷奥”的话，它的情绪将会十分低落，然后成天睡大觉；如果给它一些温柔的体贴，它就会在你回家时摇着尾巴热烈欢迎，并像猫咪一样发出咕噜咕噜的叫声。它的问题在于综合了太多种小宠物的特征，让人无法将其准确定性，不过有一点是毫无疑问的，它真真切切的有一颗心（虽然是机械的）。

普雷奥

11. 机器壁虎

发明者是美国斯坦福大学桑伯·基姆和马克·卡特科基博士及其研究小组。真正的壁虎得以敏捷地穿行于墙上，靠的是它每只脚趾底下的数百万微小绒毛。这些绒毛，被称作刚毛，当壁虎爬行时，它们先紧紧地附着在墙面上，迈出下一步之时，再轻轻地松开。这就是一种被称为“粘虫”的壁虎状机器人的创作灵感。“壁虎机器人”具有粘性脚足，足底有数百万个极其微小的绒毛(由锐利的锥形人造光纤制成)。“粘虫”通过模仿壁虎的奇特步法，包括其优雅的脚趾卷曲及松缓动作，可以在玻璃墙、瓷砖或白板上以每秒4厘米的速度爬行。

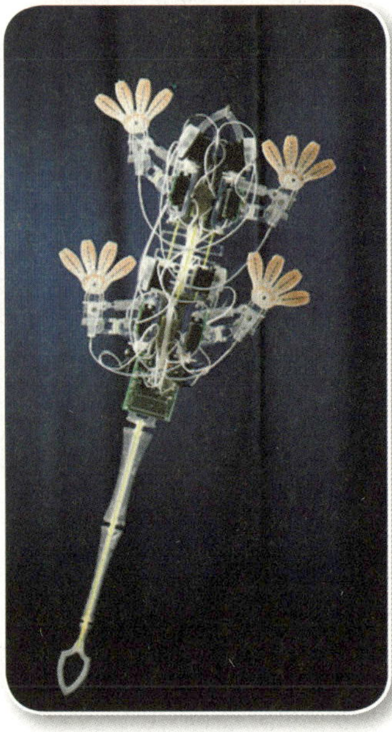

粘虫

12. 镜子镜子告诉我

发明者是克雷格·巴尔。生活远远不同于神话故事，但如果你有了一面特别的魔镜，可能就会有那么点神妙奇幻的感觉了。这面镜子是由好莱坞特技专家设计的，它整合了家居安全系统和家庭自动控制网络(如果你足够幸运，能够拥有其中之一的话)。它在大多数情况下看起来只不过是一面普普通通的镜子，但一旦被激活，就会有一张神灵般的脸从其表面浮现出来，适时地向你发号施令——例如汽车已经开入车道了，或者提示浴缸已经热好水了——以一位傲慢的英国大管家的口吻。只是记住不要问它，谁是天底下最美丽的人哦！

镜子机器人

13.机器人护士

将来有一天，机器人会取代人类从事医院的护理工作，当然，首先它们需要进行一些灵敏度训练。日本的机器人“雷曼”正在朝着这个方向前进，发明者是日本物理化学研究协会的仿生控制研究中心。“雷曼”配有使它可以对周围环境进行看、听、闻等感觉的传感器，在它的双臂及胸部还有约320个压力点，可以精确感知手中任何事物的位置。现在机器人“雷曼”可以举起80磅的重物。研究人员希望能够在不增加其体型的前提下增强“雷曼”双臂的力量，这样，它看上去还是类似于一个人而非巨型怪物。

雷曼

14.战地救援机器人

发明者是维克那科技公司。这是战地救援机器人“负重者”，设计用于军事搜索和营救任务，其水压臂可以支撑重达400磅（比大多数全副武装的伞兵还要重）的伤员，其车轮、车轨和联轴系统使其在各种不同的情况下都能保持机动性。靠着其后轮设计，“负重者”在攀爬陡峭的小山或在翻越坑洼地段时能够靠着后轮保持平衡，沿着地面匍匐前进。

负重者

15.水黾机器人

能在水上行走的机器人，这种机器人是利用浮力浮在水面上，它的长腿和很轻的重量使其能够利用表面张力而保持漂浮。专家称这种小机器人能够通过无线通讯使用在环境监测、教学、娱乐等用途中。

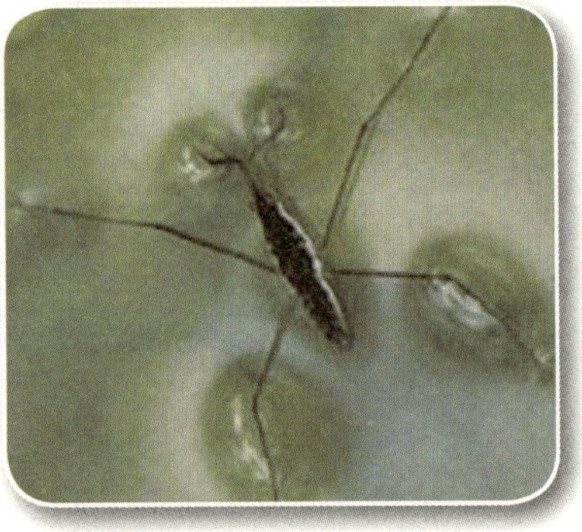

水黾机器人

16.会飞的微型机器人

这是一款来自美国哈佛大学的微型机器人，身长不到一英寸，它的飞行原理与苍蝇类似，利用碳素纤维制成的翅膀的高频振动来达到飞行的目的。通过遥控器控制飞行方向，一般用于监听、监控等目的。

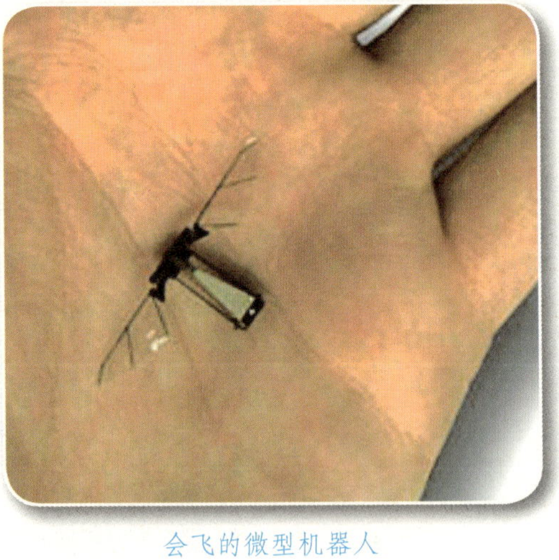

会飞的微型机器人

第二单元

认识乐高教育机器人

乐高教育机器人的硬件主要由NXT控制器、伺服电机、传感器等组成。NXT控制器就像人的大脑，控制所有部件协调工作；伺服电机就像人的肌肉，提供动力；传感器就像人的五官，采集外界环境的数据，然后反馈给大脑进行处理。

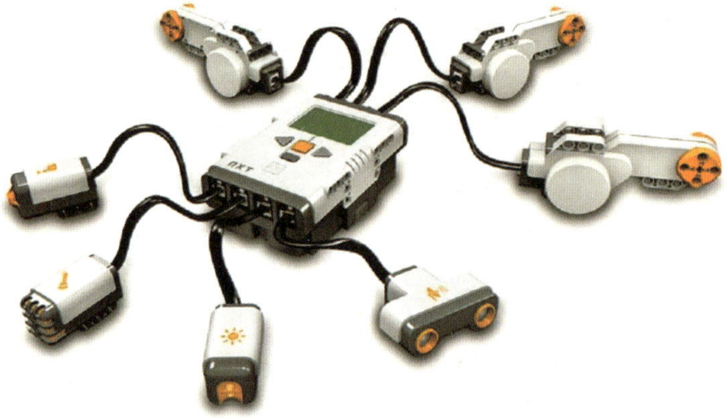

乐高教育机器人硬件系统组成

一、NXT控制器

NXT控制器如右图所示，通过蓝牙等方式接收在计算机上编制好的控制程序，并提供各种接口与其他传感器及设备相连。

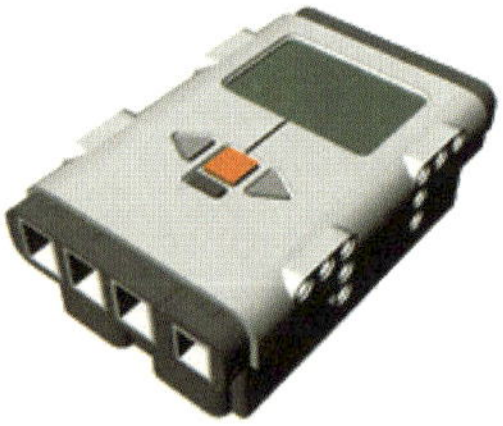

NXT可编程控制器

其主要技术指标如下：32位ARM7微处理器、256K闪存、64K静态内存。还有一款配置为8位AVR微控制器、4K闪存、512字节静态内存。

NXT控制器主要接口：

马达接口：3个，分别为A、B和C；

传感器接口：4个，分别为1、2、3和4；

USB接口/蓝牙：用来下载/上传程序，和其他蓝牙设备进行无线通信；

扬声器：声音提示；

NXT按钮：橙色按钮表示开/确定/运行；

浅灰色箭头用来控制左右；

深灰色按键表示清除/返回。

蓝牙（BlueTooth)是一种低成本、大容量、短距离无线通讯规范，采用微波频段工作，传输速率每秒1M字节，最少传输距离10米，通过增加发射功率可达到100米。

NXT蓝牙一般特性：

蓝牙 V2.0；

支持 SPP；

传输范围至少10米，最大范围达到30米，甚至更远；

具有很强的安全性。

NXT蓝牙的主要功能：

与带有蓝牙功能的设备通讯。如手机、电脑等；

能同时与3个设备连接；

可以搜索其他蓝牙设备；

能记住前一个连接的设备并快速连接；

可以将NXT隐藏；

可以关闭蓝牙以节省电源。

二、外围电子器件

1.光线传感器

光线传感器又称光传感器或者感光器（如下图），是机器人的两种视觉传感器之一。光线传感器能够让机器人分辨光线的强弱，根据颜色来测量光线强度。譬如，我们可以利用光线传感器配合声音传感器制作一个防盗报警机器人，当入侵者进入房间并打开灯时，它可以发出报警声。

光线传感器

下面两幅图分别是人看到的和机器人看到的光谱：

人看到的光谱

机器人看到的光谱

2.超声波传感器

超声波传感器是机器人的另一种视觉传感器。超声波传感器能够让机器人看见和检测到物体。你可以使用它来防止机器人碰到障碍物、测量距离或者检测移动。超声波传感器检测距离的单位可以是厘米或者英寸，检测距离从0～255厘米，精确度是

超声波传感器

正负3厘米。

超声波传感器的技术原理和蝙蝠很像。它通过计算声音返回所使用的时间来计算距离。大的表面坚硬的物体是最容易辨认的，软织物、表面弯曲的物体（比如球）或者很薄、很小的物体比较难辨认。

注意：实际应用时，在同一个房间里面的两个或多个超声波传感器可能会互相影响。

3.声音传感器

用于测量分贝dB和调整分贝dBA、识别声音、识别音调，如下左图所示。

声音传感器

触碰传感器

4.触碰传感器

用于定位开关或启动信号，如上右图所示。

5.交互式伺服电机

每个马达都有一个内置的旋转传感器，你可以通过控制内置在马达中的旋转传感器来让每个马达以不同的速度来旋转（通过在软件中设置不同的功率参数来实现），从而精确地控制机器人的动作。

交互式伺服电机

内部结构

三、乐高编程软件

乐高教育机器人NXT控制软件是一款图形化的编程软件，共分为模块界面、编程区、控制面板、参数设置面板和教学区五个部分，具有以下两个特点。

1.基于图形化的编程语言

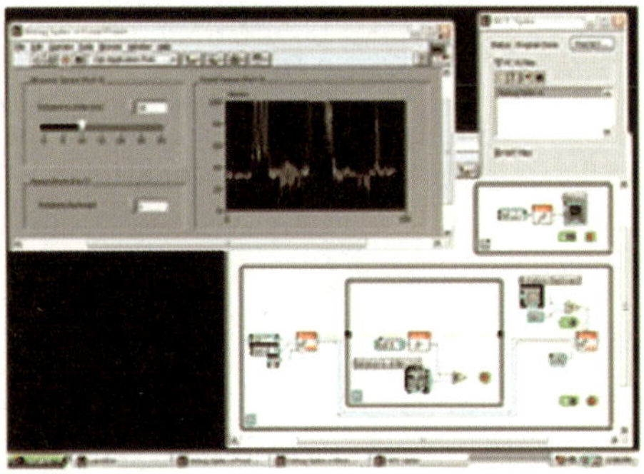

模块界面

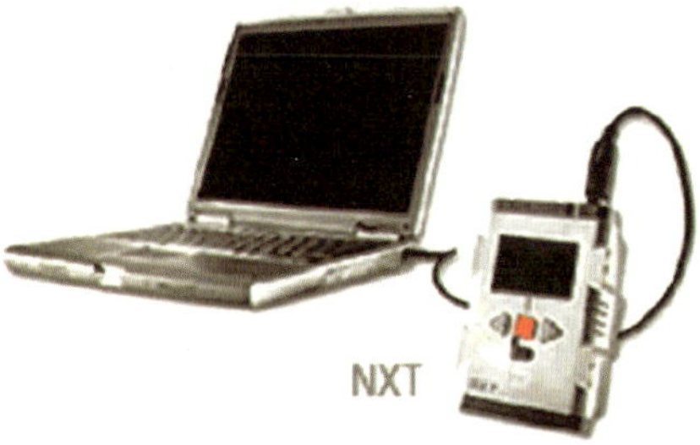

计算机与NXT控制器

G语言(Graphical Programing Language)是一个划时代的、高效率的图形化编程开发环境，它提供了一种更快捷的程序编写方法，编程环境直观明了，有几百个模块组成，用一个个图形模块代替传统的编程语句，例如循环、条件等都有相应的图标，可以完成所有C语言和VB等语言的功能。设计者只需要把所需的图标从功能模块中抓取下来进行连线即可实现程序编写，无需编写任何代码，与传统编程的表现形式有根本区别，但其编程的逻辑思维与传统编程一样。所以，G语言更易于初学者的学习。

2.循序渐进式的友好用户界面

交互式快速入门向导，三等级编程模块区，从易到难，从基本模块到高级模块。38个编程模块，使入门更加方便、快捷。

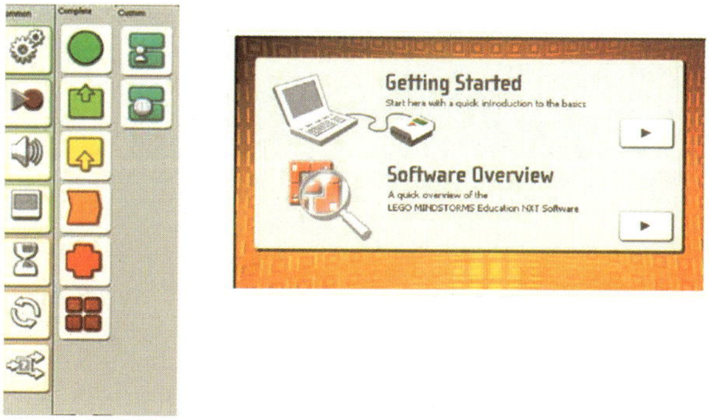

编程模块区用户界面

四、搭建常用积木

1.轴类零件

作为旋转部分的支撑固定、连接。

轴

2.梁（杆）

一边有凸起，横着有孔，下有凹槽，起连接和固定的作用。

梁

3.块

高度与梁相等，宽度为2个乐高单位。

块

4.条

宽度为1个乐高单位，三个条叠在一起与块（梁）高度相等。

条

5.片（板）

分为带孔、不带孔两种，高度与条相等。

片（板）

6.销类零件

（1）无阻尼销 	（2）阻尼销 	（3）三级阻尼销 
（4）轴销 	（5）长短销 	（6）单头销 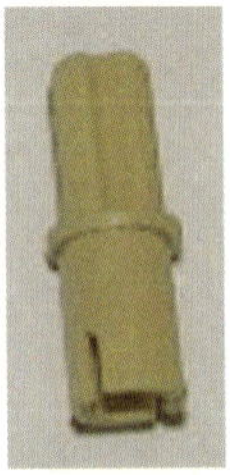

7.车轮

(1) 公路轮	(2) 越野轮

8.齿轮

(1) 柱齿轮（直齿轮）	(2) 锥齿轮	(3) 冠齿轮（伞齿轮）
	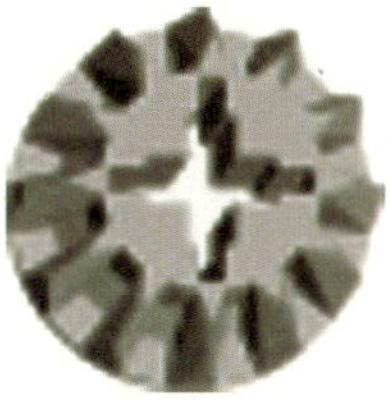	
(4) 齿条	(5) 蜗杆（螺杆）	(6) 差速齿轮
	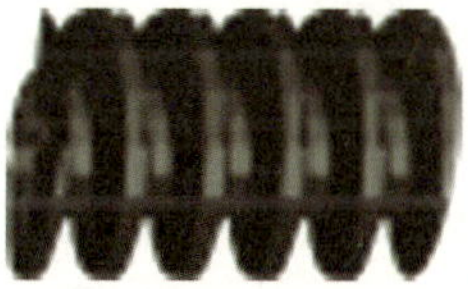	

五、常用连接方式

1.梁与梁的延长连接

（1）上下用条固定

（2）左右各留出2个以上乐高单位固定

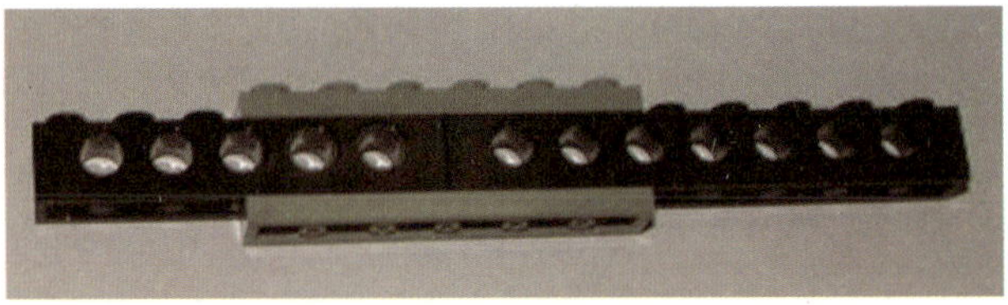

梁与梁的延长连接

2.梁与梁的垂直连接

（用4×2的片进行连接）

梁与梁的垂直连接

3.梁与梁的平行连接

（1）用片进行连接

（2）用销进行连接

（3）分别用片、销进行梁的平行连接

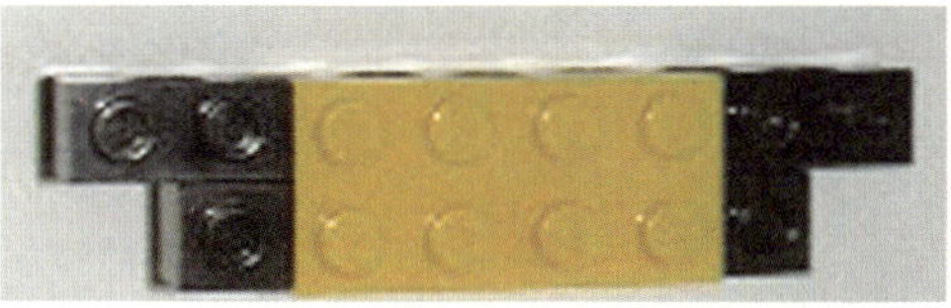

梁与梁的平行连接1

梁与梁的平行连接2

4.块与块的连接

（1）块与块的延长连接

（2）块与块的垂直连接

（3）块与块的平行连接

块与块的延长连接

块与块的垂直连接

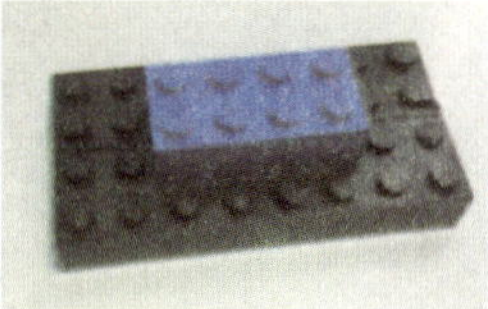

块与块的平行连接

5.轴与轴的连接

（1）轴与轴的延长连接

（2）轴与轴的垂直连接

（3）轴与轴的T形连接

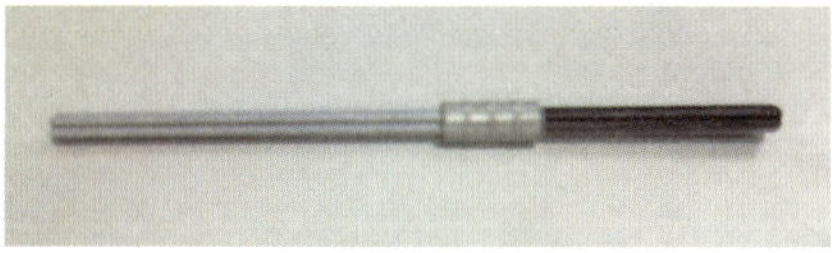

轴与轴的延长连接

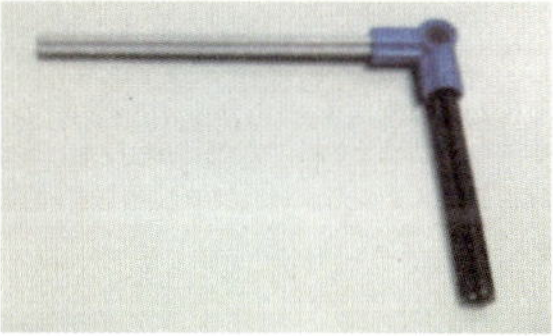

轴与轴的垂直连接

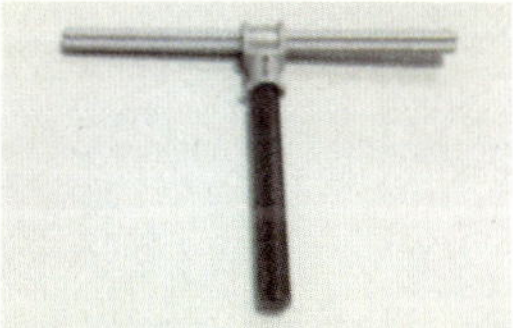

轴与轴的T形连接

6.轮与结构的连接

（1）用轴销与轮连接（销接）

（2）用轴与轮连接

轴销与轮连接

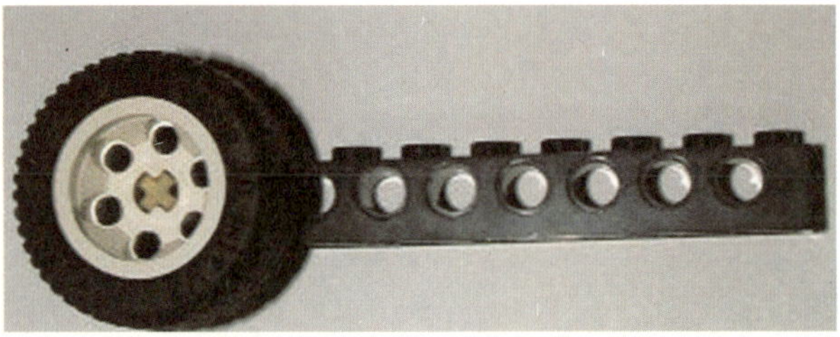

轴与轮连接

六、机械传动方式

传动的方式很多，如机械传动、液压传动、气压传动以及电气传动等。这里只介绍机器人搭建里比较常用、比较简单的机械传动方式。机械传动方式常见的有齿轮传动、蜗轮蜗杆传动、皮带轮传动、链传动等。

1.齿轮传动

两轴距离较近，要求传递较大转矩，且传动比要求较严时，一般都用齿轮传动。齿轮传动是机械传动中最主要的一种传动。

柱齿轮传动1

柱齿轮传动2

（1）柱齿轮传动

当你转动一个齿轮（主动轮）的同时会带动另一个齿轮（从动轮）的转动。柱齿轮传动有几个特点：可将1个输入的动能变为多个输出；咬合在一起的相邻2个齿轮反向转动、而相隔的2个齿轮同向转动；小齿轮与大齿轮配合时，小齿轮转速快，大齿轮转速慢；转速慢的齿轮扭矩大，转速快的扭矩小；柱齿轮传动只能在一个平面内传输动能。

一个大的主动轮转动一圈可以驱动小的从动轮转动若干圈，从而构成加速系统，加速系统增加了转动速度，但会减小所传递的力。譬如，40齿的主动轮转动1圈可以驱动8齿从动轮转动5圈，这种1∶5的传动比叫作加速传动比。

（2）锥齿轮传动

锥齿轮传动的特点是可以将传动方向改变90度，传动动能过程中没有力量、速度的变化（不能改变力矩），锥齿轮传动结构体积较小。

锥齿轮传动1

锥齿轮传动2

（3）伞齿轮传动

伞齿轮的传动原理是：由柱齿轮与伞齿轮组成，齿轮夹角为90度，齿轮传动时可改变传输动能的方向，根据柱齿轮的大小可改变传输动能的速度、力量。

伞齿轮传动

（4）齿轮齿条传动

齿轮齿条传动可以把圆周运动变为直线运动，也可把直线运动变为圆周运动。

齿轮齿条传动

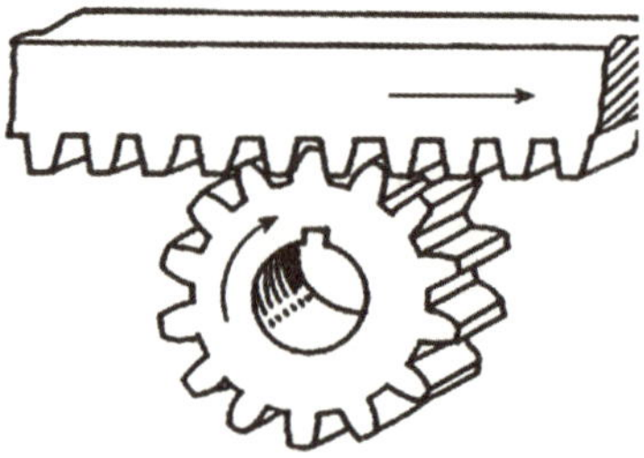

齿轮齿条传动抽象演示图

2.蜗轮蜗杆传动

在两轴轴线成90度而且彼此既不平行又不相交的情况下，可以采用蜗轮蜗杆传动。其特点是：蜗杆一定是主动的，蜗轮一定是被动的，可以应用于防止倒转的装置上。另外就是减速，能得到较小的传动比，且所占的空间小，一般应用于减速器上。其传动原理为：

一是传动机构为单向传动，动能只能从蜗杆传到蜗轮；二是可将力放大很多倍，具体根据蜗轮的齿数决定。

齿轮齿条传动时，可以是齿条不动而齿轮在齿条上滚动带动机件平移，也可以是齿轮在原地旋转，而齿条在齿轮上移动一段距离。要把旋转运动变为直线运动，也可以用螺旋传动。

齿条带动齿轮

3.皮带轮传动

如果要把运动从原动机（如电动机）传递到距离较远的工作机，最简单最常用的方法，就是采用皮带传动，它是依靠皮带与皮带轮之间的摩擦来传动的。下图中先转动起来的皮带轮叫主动轮，被主动轮带动而转动的皮带轮叫被动轮（从动轮）。其特点：噪音低，有缓冲作用，皮带轮传动如果使用的是圆环的绕制方式，两个皮带轮的转动方向是一致的，大的皮带轮转速慢力量大，小的皮带轮转速快力量小，皮带轮如果按“8”字方式绕制，两个皮带轮的旋转方向是相反的。

皮带轮传动

4.链传动

在两轴距较远而速比又要正确时，可采用链传动。链传动的被动轮圆周速度虽然波动不定，但其平均值不变，因此，可以在传动要求不高的情况下代替齿轮传动。链传动的传动比和齿轮传动相同。在传动速度较大时，一般多用齿状链，因为这种链在传动时声音较小，所以又叫作无声链。

链传动

七、利用乐高教育机器人套件，搭建一个简易小车

“简易小车”模型是学习搭建的一个初级例子，可以作为编程和改建其他机器人的基础。下面，我们一步步用图形进行演示介绍。

步骤1：

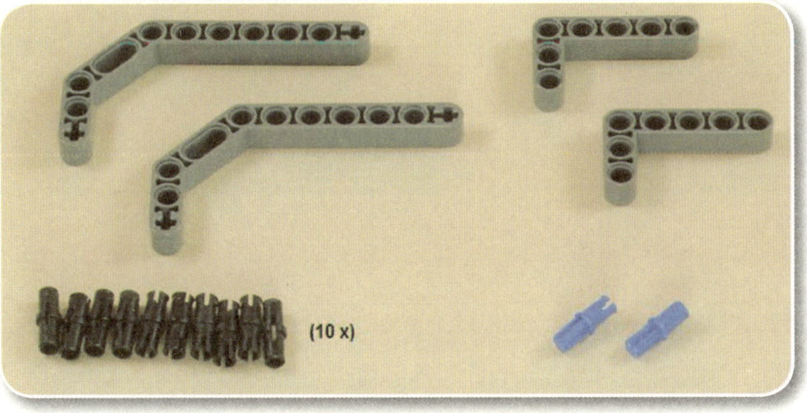

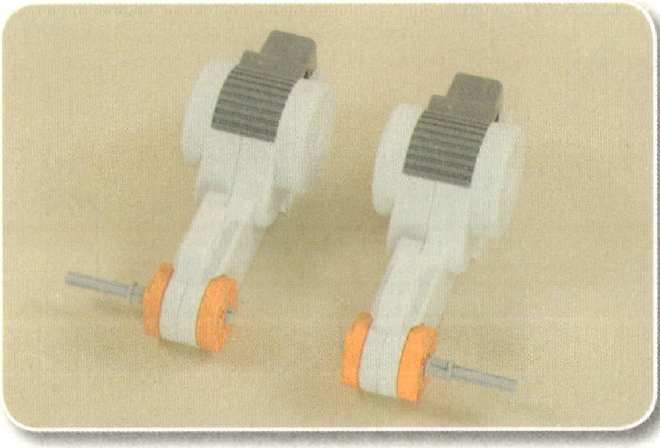

步骤2：

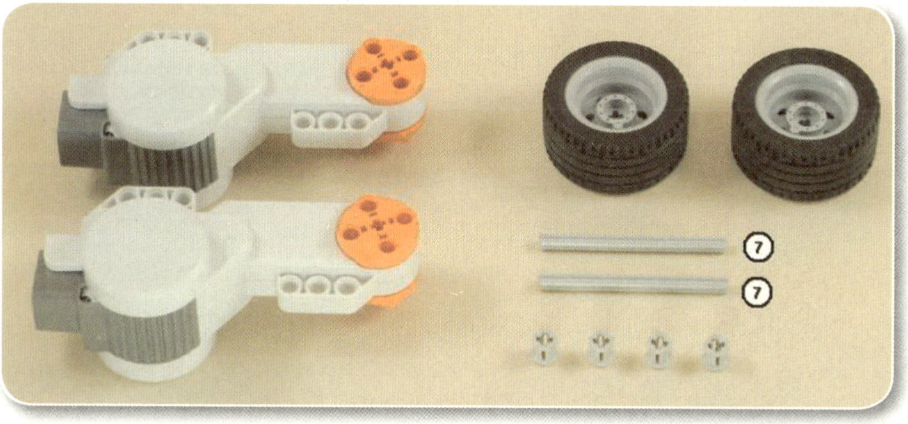

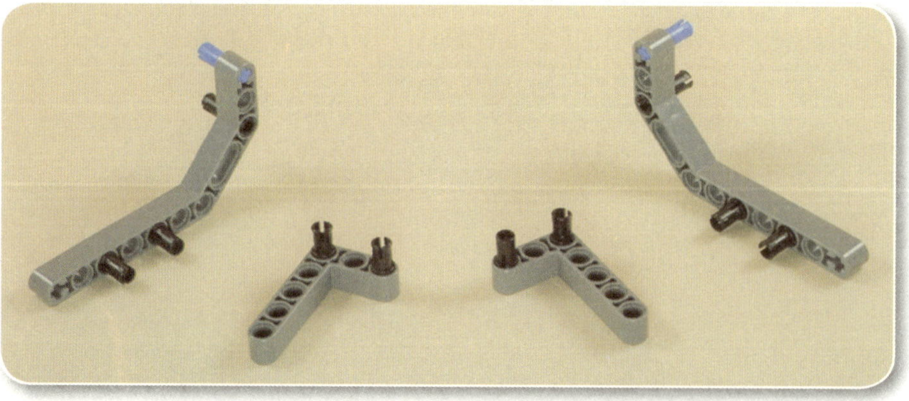

步骤3：

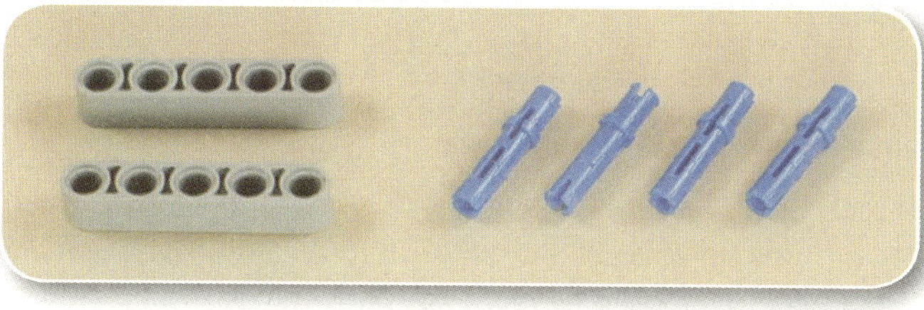

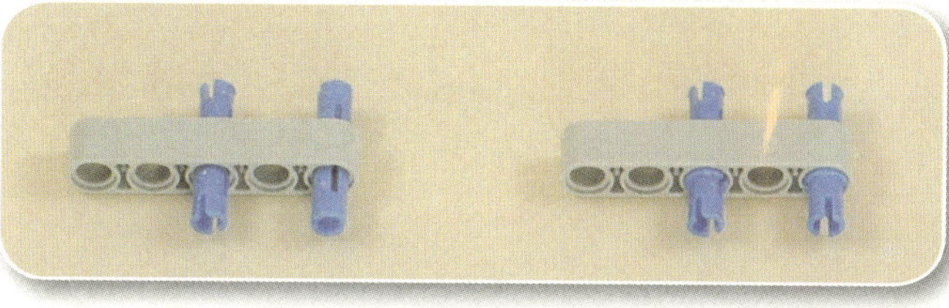

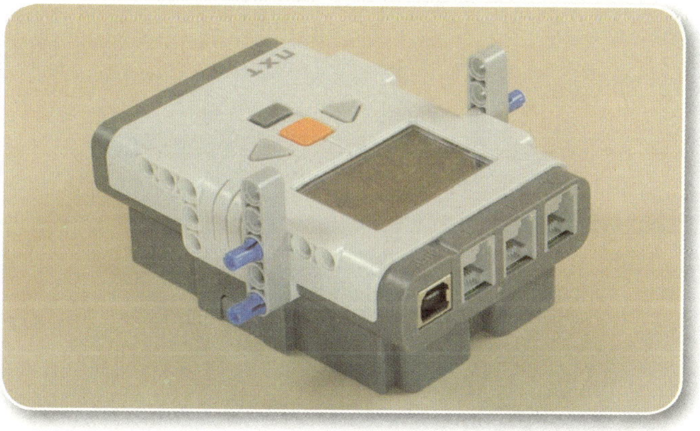

步骤4：

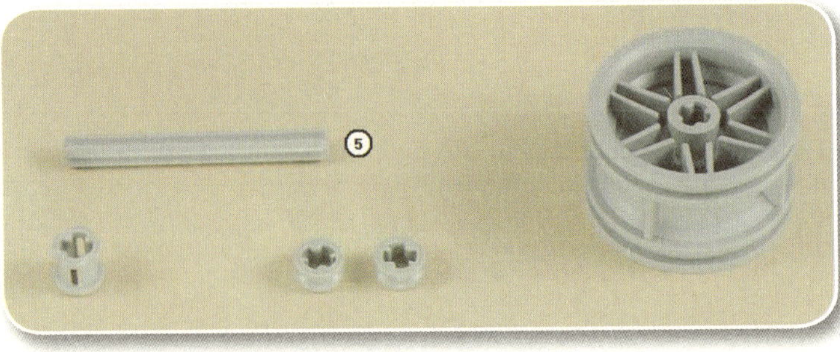

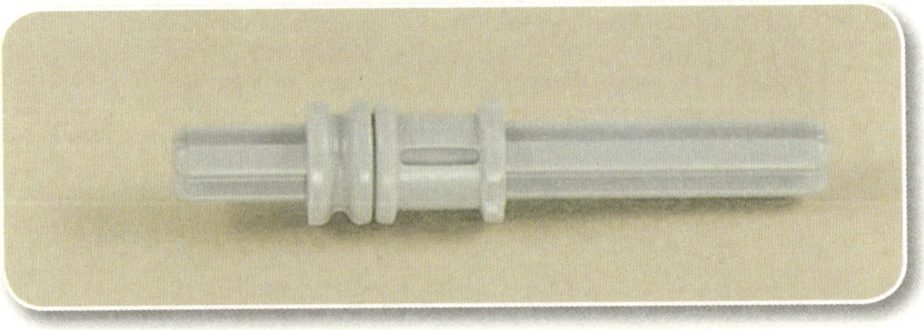

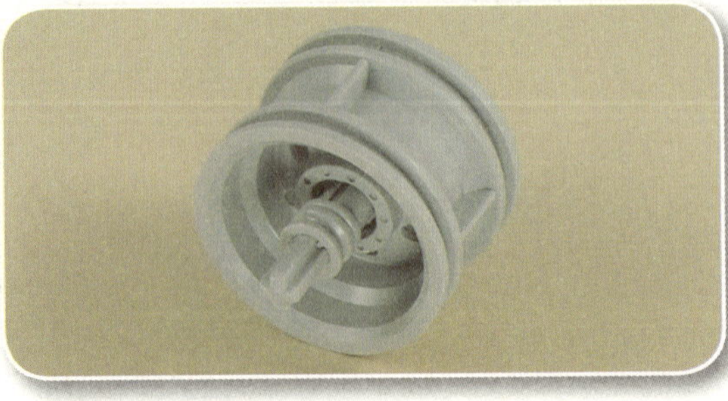

步骤5：

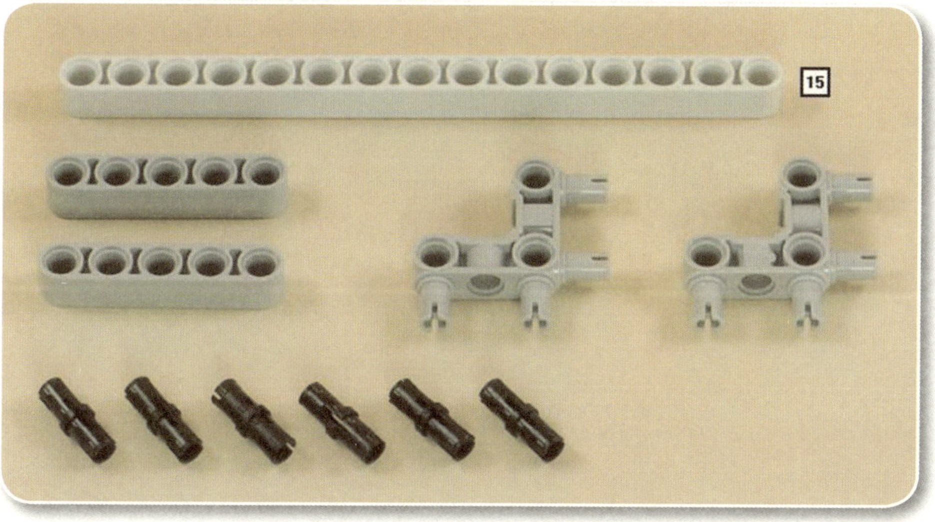

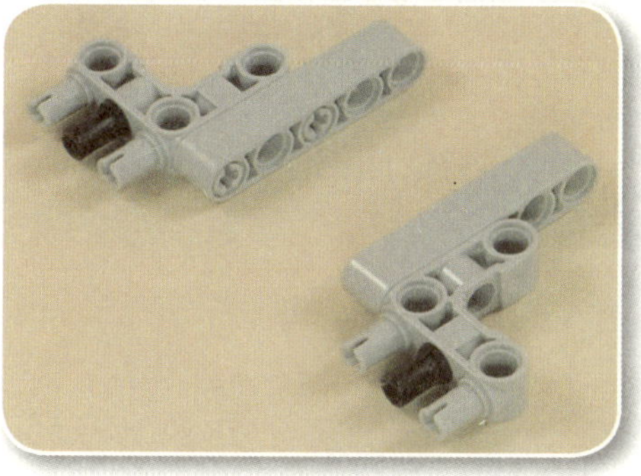

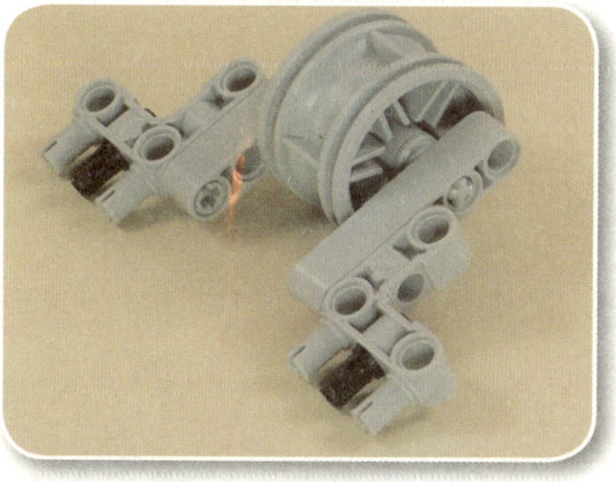

步骤6：

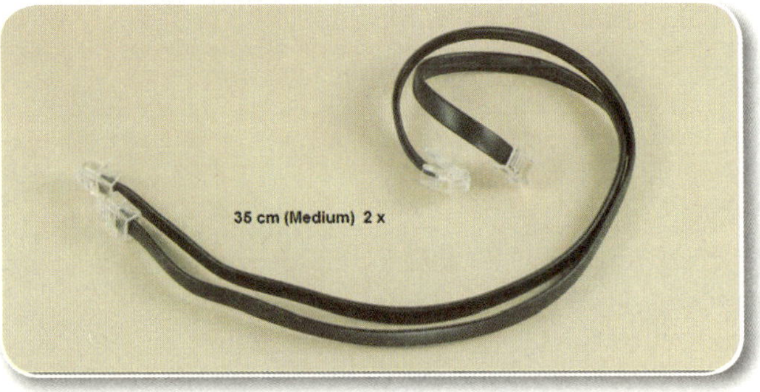

第三单元

了解常见传感器及其应用

一、认识传感器

我们知道，构成现代信息技术的三大支柱是传感器技术（信息采集）、通信技术（信息传输）和计算机技术（信息处理）。它们在信息系统中分别起到“感官”“神经”和“大脑”的作用。在利用信息的过程中首先要解决获取准确可靠的信息，而传感器是获取信息的主要途径和手段。

我们可以将传感器的功能与人类五大感觉器官做个类比。光敏传感器对应着视觉；声敏传感器对应着听觉；气敏传感器对应着嗅觉；化学传感器对应着味觉；而压敏、温敏、流体等传感器对应着触觉。

国家标准GB7665−87对传感器(transducer/sensor)下的定义：“能感受规定的被测量并按照一定的规律转换成可用信号的器件或装置，通常由敏感元件和转换元件组成。”也就是说，传感器是一种检测装置，能感受到被测量的信息，并能将检测感受到的信息按一定规律变换成为电信号或其他所需形式的信息输出，以满足信息的传输、处理、存储、显示、记录和控制等要求，它是实现自动检测和自动控制的首要环节。在有些学科领域，传感器又称为敏感元件、检测器、转

手机

照相机

电视机摇控器

电冰箱

换器等，这些不同提法，反映了在不同的技术领域中，根据器件用途对同一类型的器件使用了不同的技术术语而已。

“传感器”一词是使用最为广泛而概括的技术词汇之一。在我们日常生活中，使用着各种各样的传感器。电冰箱、电饭煲中的温度传感器；空调中的温度和湿度传感器；煤气灶中的煤气泄漏传感器；水表、电表、电视机和影碟机中的红外遥控器；照相机中的光传感器；汽车中燃料计和速度计等，不胜枚举。

通常，传感器由敏感元件和转换元件组成。其中，敏感元件是指传感器中能直接感受或响应被测量的部分；转换元件是指传感器中将敏感元件感受或响应的被测量转换成适于传输或测量的电信号部分。传感器的输出信号通常是电量，它便于传输、转换、处理、显示等。当然，电量有很多形式，如电压、电流、电容、电阻等。输出信号的形式由传感器的原理确定，由于传感器的输出信号一般都很微弱，因此，需要有信号调理与转换电路对其进行放大、运算、调制等。随着半导体器件与集成技术在传感器中的应用，传感器的信号调理与转换电路可以安装在传感器的壳体里或与敏感元件一起集成在同一芯片上。此外，信号调理与转换电路以及传感器工作必须还要有辅助电源。传感器主要完成下面3个工作：

（1）信息的收集

科学研究中的计量测试、产品制造与销售中所需的计量等，都要由测量而获得准确的定量数据。对某种特定要求，需检测目标物的存在状态，并把状态信息转换为数据。对系统或装置的运行状态进行监测，也由传感器实现，发现异常情况时，发出警告信号并启动保护电路工作。判断某个产品是否合格，或人体各部位的异常诊断等，也需要传感器的测量来完成。

（2）信息数据的交换

把以文字、符号、代码、图形等多种形式记录在纸或胶片上的信号数据转换成计算机、传真机等易处理的信号数据，或者读出记录在各种媒介上的信息并进行转换。例如，光盘驱动器（光驱）的磁头就是一种传感器。

（3）控制信息的采集

检测控制系统处于某种状态的信息，并由此控制系统状态或者跟踪系统变化的目标值。

二、传感器的发展

目前，传感器技术的应用领域已经越来越广泛，如工业、农业、商业、交通、环境监测、医疗诊断、军事科研、航空航天、现代办公设备、智能楼宇和家用电器等。传感器是构建现代信息系统的重要组成部分。

在基础学科研究中，传感器更是有着突出的地位。宏观上的茫茫宇宙、微观上的粒子世界、天体演化、瞬间反应，超高温、超低温、超高压、超高真空、超强磁场、弱磁场等极端技术研究，都需要传感器的帮助和支撑。

据统计，目前全世界很多国家已经从事传感器的研制、生产和开发，研发机构遍及世界各国，其中以美、日、俄等国实力较强，他们已经建立了包括物理量、化学量、生物量三大门类的传感器产业，产品20000多种，大企业的年生产能力达到几千万支到几亿支。我国的传感器产业在科技投入、产业环境以及科技实力(专利件数、新品开发周期、关键材料与零组件、量产能力)三大方面的综合竞争力远低于美、日、俄等国家，我国的许多自动化方面的专家呼吁：目前系统越来越复杂，自动化已经陷入低谷，其主要原因之一是传感技术落后，一方面表现为传感器在感知信息方面的落后，另一方面也表现为传感器自身在智能化和网络化方面的落后。

传感器技术是21世纪高新技术发展方面争夺的一个制高点，各发达国家都将传感器技术视为新技术发展的关键。从20世纪80年代起，日本就将传感器技术列为优先发展的高新技术之首，美国等西方国家也将此项技术列为国家科技和国防技术发展的重点内容。我国在20世纪80年代，也将传感器技术列为国家高新技术发展的重点。

传感器技术发展的方向概括起来，有以下几个方面：高精度化、微型化、高可靠性、宽温度范围、微功耗机无源化、智能化与数字化。

三、传感器的类型

传感器技术是一门知识密集型技术,它与许多学科有关。传感器的原理各种各样，其种类十分繁多,分类方法也很多。目前，一般采用两种分类方法：一是按被测参数分类，如温度、压力、位移、速度等；二是按传感器的工作原理分类，如应变式、电容式、压电式、磁电式等。

人的体力和脑力劳动通过感觉器官接收外界信号，再将这些信号传送给大脑，大脑把这些信号分析处理传递给肌体。如果用机器完成这一过程，计算机相当于人的大脑，执行机构相当于人的肌体，传感器相当于人的五官和皮肤。

人的五官感觉与各种传感器的对应关系

感觉	物理/化学量	传感器举例
视觉（眼）	光	光电二极管、光电三极管、CCD图像传感器、CMOS图像传感器
听觉（耳）	声音	麦克风
嗅觉（鼻）	气体	气体传感器、气味传感器
味觉（舌）	水质	PH传感器
触觉（皮肤）	温度	热敏电阻、热电偶、半导体温度传感器
触觉（皮肤）	压力	触觉传感器、半导体压力传感器、应变仪、感压传感器

五官感觉以外的传感器

检测量	传感器举例
红外线	热电型红外传感器、热敏型红外传感器、量子型红外传感器
超声波	超声波传感器
磁性	磁性传感器、霍尔元件、磁阻元件
速度、加速度	加速度传感器、G传感器、陀螺仪

传感器一般有以下4个指标：

（1）动态范围

动态范围是指传感器能检测的范围。譬如，电流传感器能够测量1mA～20A的电流，那么，这个传感器的测量范围就是10log（20/0.001)=43dB，如果传感器的输入超出了测量范围，那么，传感器就不会显示正确的测量值了。

（2）分辨率

分辨率是指传感器能测量的最小差异。譬如，电流传感器，它的分辨率可能是5mA，也就是说小于5mA的电流差异，它没法检测出。当然，一般来说，越高分辨率的传感器价格就越贵。

（3）线性度

线性度是一个衡量传感器输入和输出关系的重要指标。

（4）频率

频率是指传感器的采样速度。譬如，一个超声波传感器的采样速度为20HZ，也就是说每秒钟能扫描（采样）20次。

下面，我们介绍机器人应用中涉及到的一些常用传感器类型。

1.触碰传感器

触碰传感器利用与物体的直接接触进行检测。触碰传感器的电路基本上类似于按钮开关电路。由于触点的抖动现象会造成接通的时断时续，所以，在使用这个电路时要注意克服这一问题。如下图所示的微动开关、簧片开关等。

触碰传感器

微动开关

簧片开关

实验3-1　用触碰传感器控制马达

实验准备：NXT主控器、马达、触碰传感器、导线。

步骤1：如图所示，组装实验装置；

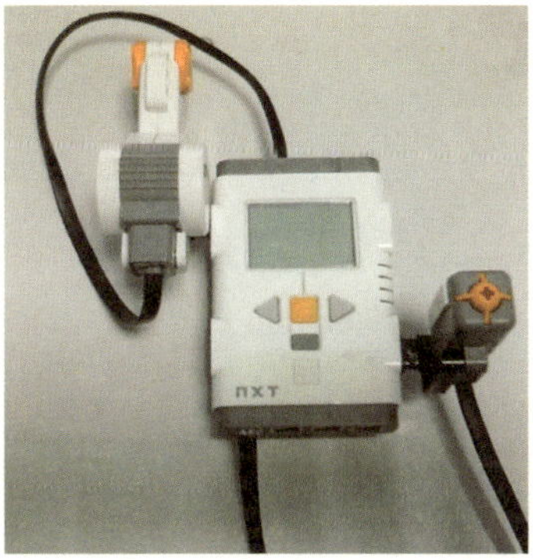

实验装置

步骤2：在LEGO MINDSTORMS里编写下面的程序，下载到NXT主控器里；

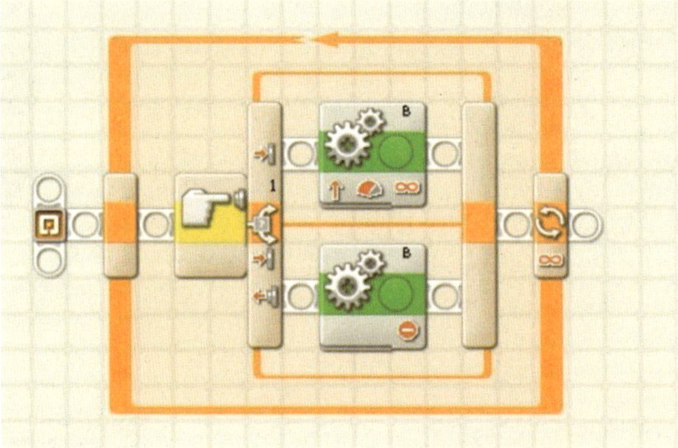

编写程序

步骤3：按下按钮运行程序。

实验说明：程序运行时，不断检测触动传感器的状态：当触动传感器被按下时，连接在B端口的马达转动；当没有按下触动传感器时，B端口的马达是停止的。

2.光电传感器

光电传感器是把光信号转换成电信号的一种传感器，它广泛应用于自动控制、宇航、广播电视等领域。光电传感器一般具有体积小、重量轻、灵敏度高、功耗低、便于集成等优点。

光电传感器的检测对象有可见光、不可见光。不可见光包括紫外线、红外线等。另外，光的波长和电磁波的性质也各不相同，也就是说要根据被检测光的性质，即光的波长和响应速度来选用相应的光电传感器。

半导体光电传感器是基于半导体的“光电导效应”和“光生伏特效应”的基础上制成的。所谓半导体的“光电导效应”就是，当入射光照射到半导体表面时，半导体吸收入射光子的能量，使非传导态电子变为传导态电子，使载流子浓度增加，从而使半导体的电导率增大。所谓“光生伏特效应”就是半导体材料吸收光能后，在PN结上产生电动势的效应。

光电传感器的种类与实例

光电传感器的类型	光电传感器实例
PN结	PN光敏二极管（材料采用Si、Ge、GaAs）
	PIN光敏二极管（材料采用Si）
	雪崩光敏二极管（材料采用Si、Ge）
	光敏晶体管（光敏达林顿管）（材料采用Si）
	集成光电传感器，光敏晶闸管（材料采用Si）
非PN结	光敏元件（材料采用CdS、CdSe、Se、PbS）
	热电元件（材料采用PZT、$LiTaO_3$、$PbTiO_3$）
电子管类	光电管、摄像管、光电倍增管
其他类	色敏传感器（材料采用Si、a-Si）
	固体图像传感器（材料采用Si，有CCD型、MOS型、CPD型）
	位置检测用元件（PSD）（材料采用Si）
	太阳电池（光敏二极管）（材料采用Si、a-Si）

实际应用时，要选用适宜的传感器才能达到预期的效果。大致的选用原则是高速的光检测电路、宽范围照度的照度计、超高速的激光传感器宜选用光敏二极管。几千赫兹的简单脉冲光电传感器、简单电路中的低速脉冲光电开关宜选用光

敏三极管。响应速度虽慢，但性能优良的电阻桥式传感器、具有电阻性质的光电传感器、路灯自动亮灭电路中的光电传感器、随光的强弱成比例改变的可变电阻等宜选用CdS和PbS光敏元件。旋转编码器、速度传感器、超高速的激光传感器宜选用集成光电传感器。

实验3-2　光控报警器

实验准备：NXT主控器、光电传感器、导线。

步骤1：如图所示，组装实验装置；

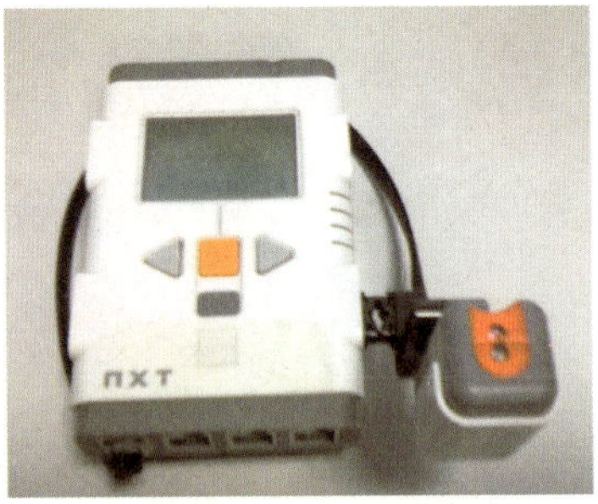

实验装置

步骤2：在LEGO MINDSTORMS里编写下面的程序，下载到NXT里；

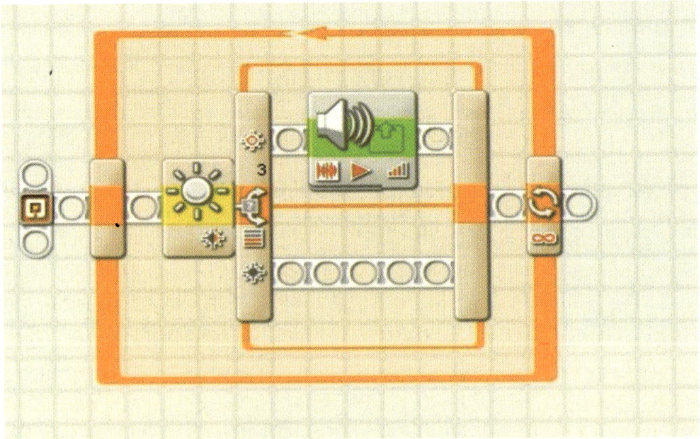
编写程序

步骤3：按下按钮运行程序。

实验说明：当光电传感器检测到亮度大于50时，发出报警声音；当光电传感器检测到亮度不大于50时，没有声音。你可以用白色或黑色的东西，放在光电传感器上来试验。NXT的屏幕上显示的就是光电传感器检测到的亮度，你可以根据当时教室里亮度的情况修改程序里的参数（50）。

3.超声测距传感器

人耳可听到的声音频率为20Hz～20kHz，即为可听声波。超出此频率范围的声音，以下的声音称为低频声波，以上的声音称为超声波。说话的频率范围一般为300Hz～3400Hz。

超声波为直线传播方式，频率越高，绕射能力越弱，但反射能力越强。为此，利用超声波的这种性质就可以制成超声波传感器。超声波传感器有发送器和接收器，但一个超声波传感器也可具有发送和接收声波的双重作用，即为可逆元件。一般市场上出售的超声波传感器有专用型和兼用型，专用型就是发送器用作发送超声波、接收器用作接收超声波，兼用型就是发送器和接收器为一体的传感器，即可发送超声波又可接收超声波。超声波传感器的谐振频率（中心频率）有23kHz、40kHz、75kHz、200kHz、400kHz等，谐振频率变高，则检测距离变短，分解力也变高。

实验3-3　自动闸门

实验准备：NXT主控器、超声测距传感器、导线、马达、积木等。

步骤1：如下图所示，组装实验装置；

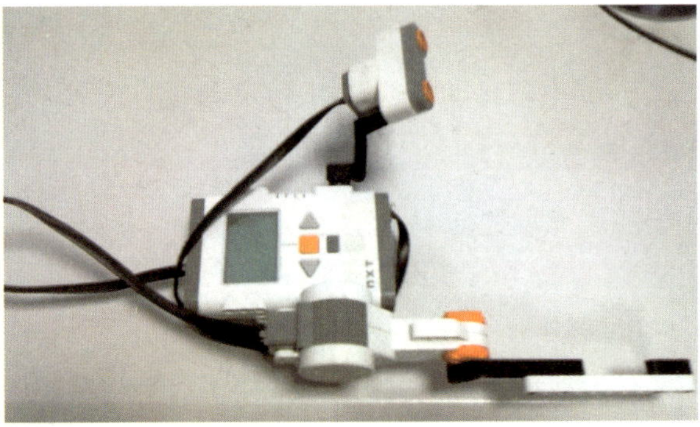

实验装置

步骤2：在LEGO MINDSTORMS里编写下面的程序，下载到NXT里；

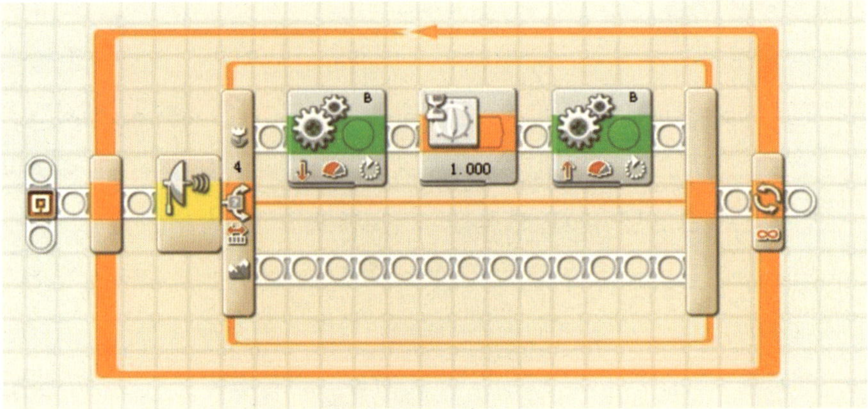

编写程序

步骤3：按下按钮运行程序。

实验说明：当超声测距传感器正前方20厘米范围内检测到物体，自动打开闸门，一秒后自动关闭。你可以更改测距的范围，也可以更改闸门开启的时间和速度。

4.声音传感器

声音传感器使用的是与人类耳朵相似、具有频率反应的电麦克风，电路把信号放大并把信号传送给通讯接口。一般来说，声音传感器分为两种，一种是根据设定声音信号阀值（即阈值，又称为临界值）判定声音的有无；第二种就是根据多个声音传感器来判定声音的方位和距离。

实验3-4　声控报警器

实验准备：NXT主控器、声音传感器、导线。

步骤1：如图所示，组装实验装置；

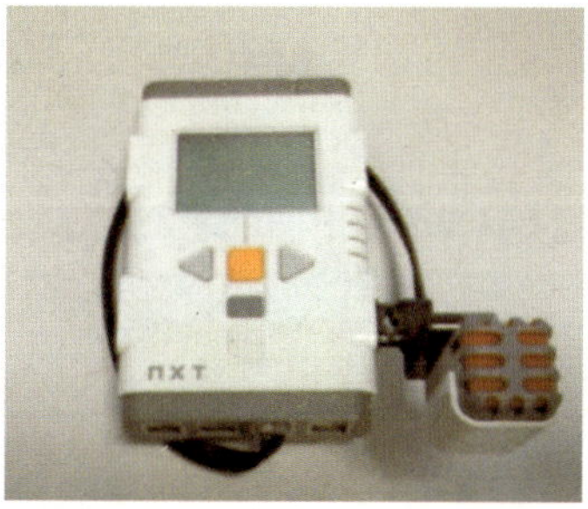

实验装置

步骤2：在LEGO MINDSTORMS里编写下面的程序，下载到NXT里；

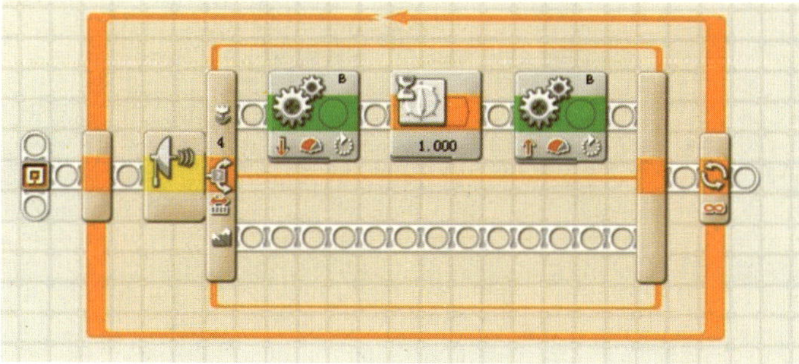

编写程序

步骤3：按下按钮运行程序。

实验说明：当声音传感器检测到声音强度大于一定分贝的时候，就会发出报警声音。

5.温度传感器

温度是与人类的生活、工作关系最密切的物理量，也是各门学科与工程研究设计中经常遇到和必须精确测量的物理量，从工业炉温、环境气温到人体温度，从空间、海洋到家用电器，各个技术领域都离不开测温和控温。

温度传感器有各种类型，根据使用方法不同，分为接触式和非接触式两大类。接触式是传感器与物体直接接触，从而测量物体的温度，这种方式构造简单，现在应用最广。非接触式是测量物体相应温度辐射的红外线，从而测量物体的温度，这种方式测量物体的相对温度较方便，但测量物体绝对温度时需要进行补偿，传感器构成复杂。

温度传感器的类型与实例

传感器的方式	传感器机理	传感器的实例
接触式	热膨胀	气体压力（气体温度计、蒸汽压力温度计）、液体体积（水银温度计）、固体形变（双金属片）
	电阻	金属（铂电阻温度传感器）、半导体（热敏电阻、二极管）
	热电动势	热电偶
	磁性	温敏铁氧体开关
	介质特性	电容传感器
	光纤导波	光纤传感器
	颜色	其他传感器
非接触式	辉度检测方式	光高温计、双色高温计、自动辉度调节温度计
	辐射能量检测方式	热型（辐射热测量计、热电堆等）、量子型（光电导、光生伏特等）

下表列出了各种温度计大致的测温范围。在使用温度传感器时，应根据以下要求选择最适宜的传感器：被测量对象的温度范围、传感器的灵敏度、精度和噪声、响应速度等、实装电路、特性的离散性及蠕变、机械强度、耐热性、生产性及价格等。

温度传感器的类型及其对应的测温范围

温度传感器的类型	测温范围/℃	温度传感器的类型	测温范围/℃
石英晶体温度计	−100～220	双金属片式温度计	0～300
热敏电阻	−200～800	水银温度计	−30～350
集成温度传感器	−55～150	酒精温度计	−60～100
铂热电阻	−180～600 （α=+0.003916/℃）	热电偶	R：200～1400 K：0～100 E：200～700 J：0～600
铜热电阻	0～200（使用较少）	光高温度计	800～2000
镍镉热电阻	−20～300（使用较少）	辐射温度计	0～2000

6.红外线传感器

红外辐射俗称红外线，是一种不可见光，其光谱位于可见光中红色以外，所以称为“红外线”，其波长约为0.75～1000μm。工程上把红外线占据在电磁波谱中的位置（波段）分为：近红外、中红外、远红外、极远红外四个波段。红外线和电磁波一样，以波的形式在空间传播，红外线在通过大气层时，有三个波段通过率最高，分别为2～2.6μm、3～5μm和8～14μm。红外辐射是介于可见光和微波之间的电磁波，因为红外波长比无线电波的波长短，所以，红外仪器的空间分辨率比雷达高。红外波长比可见光的波长长，因此，红外线透过阴霾的能力比可见光强。红外辐射的物理本质是热辐射，人、动物、火、水、植物都有热辐射，只是波长不同而已，一个炽热的物体向外辐射能量大部分是通过红外线辐射出来的，温度越高，辐射红外线越多，辐射能越强。

红外传感器由两部分组成：

一是红外辐射源，有红外辐射的物体就可以视为红外辐射源，根据辐射源的几何尺寸、距离远近可视为点源和面源；二是红外探测器，能将红外辐射能转换为电能的热敏和光敏器件。

红外传感器可用于红外测温、遥控器、红外监控报警器、红外摄像机、夜视镜、控制装置中的自动门、干手器、自动水龙头等。另外，红外无损检测是通过测量热流或热量来检测鉴定金属或非金属材料的质量和内部缺陷，许多场合人们不仅需要知道物体表面平均温度，更需要了解物体的温度分布情况，以便分析研究物体的结构内部缺陷和状况，红外成像技术就是将物体的温度分布以图象的形式直观地显示出来。

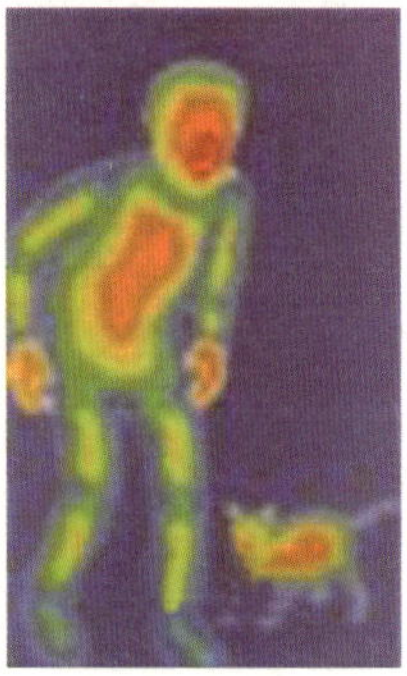
红外摄像

红外报警

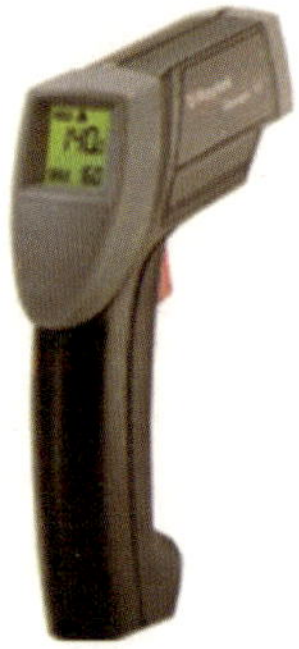
红外测温

第四单元

直线竞速小车

一、任务说明

运动(行走)是机器人的一个最基本要求。让机器人（小车）沿预先设定的路线行走，是最容易实现的任务，也是实现其他功能的基础。本单元通过搭建一个直线竞速小车，从指定起点沿直线行走到终点，来学习、尝试、体会机器人的模型搭建、程序编写、运动控制和测试调试等知识环节。

任务的具体要求是：

1.搭建一个机器人（小车）；

2.编写程序，让机器人在如下图所示的场地上，从起点出发行走到终点1；

3.在行走的过程中，机器人必须一直沿着直线走，不能超出两边黑线；

4.到达终点1的时间越短越好。

场地如下：

二、任务分析

本任务需要从如何提高机器人的行走速度和如何让机器人尽量沿着直线走这两个方面着手，进行机器人的结构设计和程序设计。

决定机器人行走速度的主要因素是机器人主动轮的转速和主动轮的大小，在本任务中，我们假设主动轮的大小是固定不变的，而主动轮的转速与马达的转速以及齿轮传动结构有关，所以，如何提高马达的转速和优化齿轮传动结构是提高机器人行走速度的关键。

沿直线行走是完成本任务的前提条件，如何让机器人在行走过程中不超出黑线轨道是机器人设计的一个关键环节。我们只能尽量让机器人走直线，一旦走偏了，就需要利用传感器来校正机器人行走的路线。

三、任务解决

1.分析所需要的实验器材

准备如下实验器材：1个机器人主控器NXT、2个马达、1个对地光电传感器、一些齿轮及各种搭建积木若干。

2.搭建机器人模型

搭建如下图所示的机器人（小车），假设两个马达分别为B、C。

机器人——小车

3.编写控制程序

（1）认识编程软件

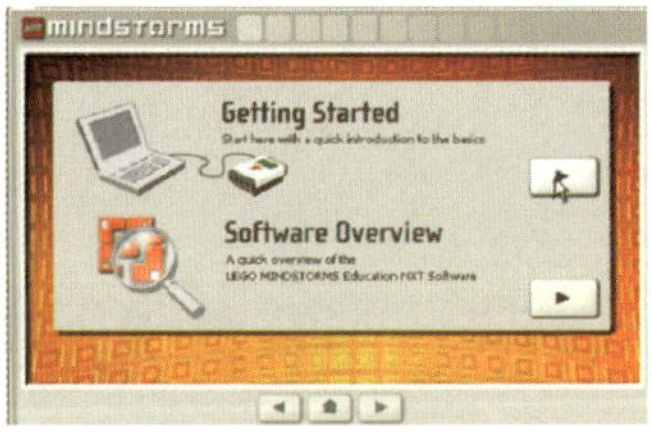

下载安装程序

启动 LEGO MINDSTORMS Edu NXT 软件，如上图所示，“Getting Started”能让我们快速了解该软件的基本操作，如创建一个新的程序、编写简单的程序、如何在电脑上下载程序到NXT并运行程序、机器人教学区功能的简单介绍等。“Software Overview”能让我们快速学习LEGO MINDSTORMS Edu NXT软件，介绍了软件的主要功能面板。

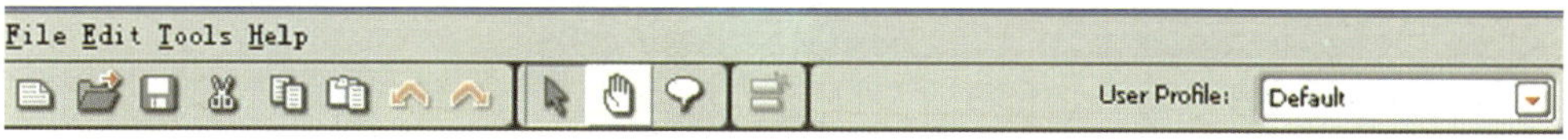

主菜单界面

软件的主菜单（如上图）及其常用子菜单功能介绍如下：

菜单	子菜单	功能描述
File(文件)	New（新建）	创建一个新的程序
	Open（打开）	打开一个程序
	Close（关闭）	关闭当前窗口的程序
	Save（保存）	保存当前窗口的程序
	Save as（另存为）	将当前程序另存为
	Page Setup（打印设置）	可以设置打印属性，如打印区域设置和打印机设置
	Print（打印）	可以打印“Printer、HTML File、RTF File”文件,可以选择打印隐藏的代码
	Exit（退出）	退出
Edit（编辑）	Undo（撤销）	撤消键入
	Redo（恢复）	恢复键入
	Cut（剪切）	剪切
	Copy（复制）	复制
	Paste（粘贴）	粘贴
	Clear（删除）	删除
	Make A New Block	创建一个新的模块
	Edit Selected My Block	编辑我的模块
	Edit MyBlock Icon	编辑我的模块的图像
	Manage Custom Palette	管理自定义面板
	Manage Profiles	脚本管理
	Define Variables	定义变量

Tool(工具)	Calibrate sensors	校准传感器
	Update NXT Firmware	更新 NXT 固件
	Download to Multiple NXTs	同时给多个 NXT 下载程序
Help（帮助）	Contents and Index	内容索引
	Online Support	在线支持
	Online Updates	在线更新
	Register Product	产品注册
	About LEGO MINDSTORMS Edu NXT	关于NXT软件相关介绍

软件的常用工具栏（如上图）及其功能介绍如下：

	创建一个新的程序
	打开一个程序
	保存当前窗口的程序
	剪切工具
	复制工具
	粘贴工具
	指针工具

	手形工具
	注释工具
	创建模块工具

软件的软件面板及其功能介绍如下：

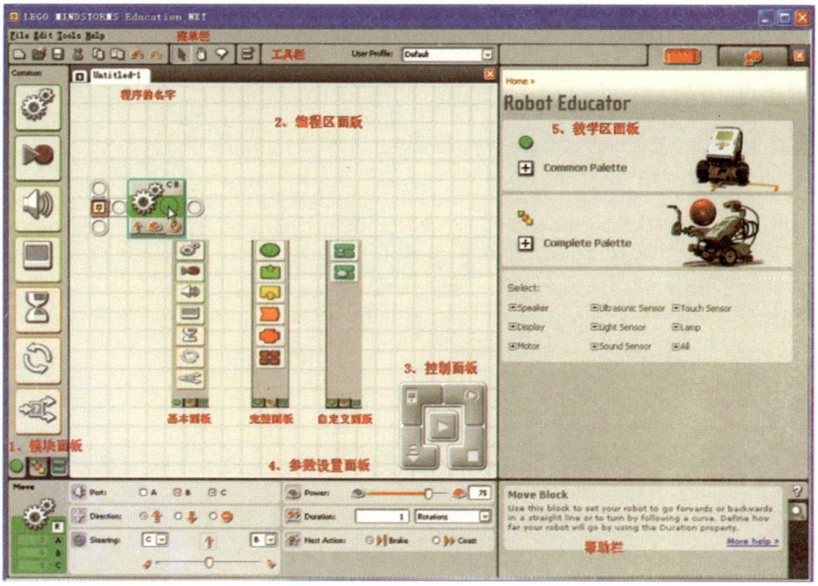

“软件面板”界面

编程区是我们完成程序编写的区域，可以关闭教学区域来增大编程区的窗口，方便我们编写和阅读程序。右图为程序开始图标。

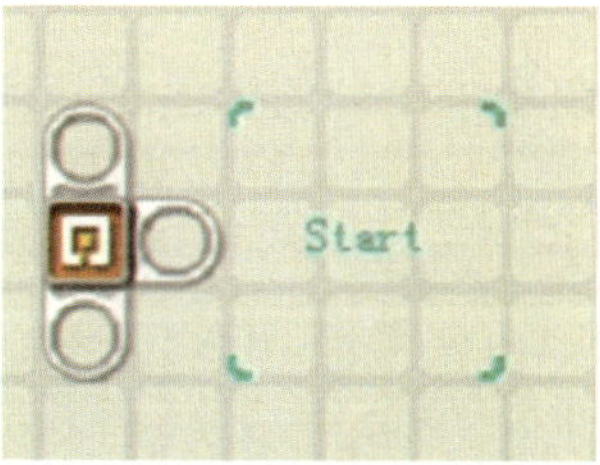

程序开始

编写程序时直接将要使用的功能模块从“模块面板”中拖到编程区进行设置即可，可以用鼠标移动模块，能将模块拖拉到编程区的任意位置，操作简便。

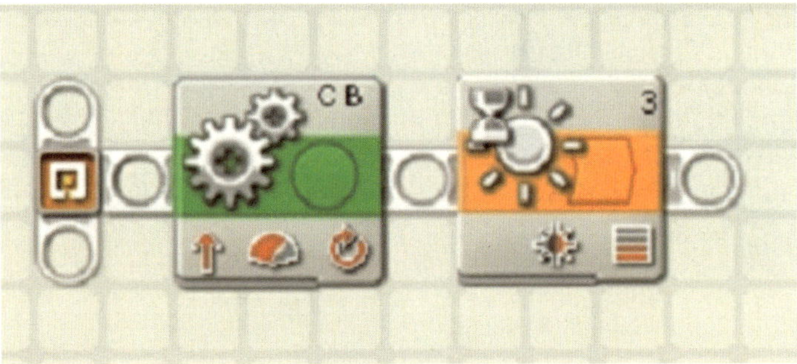

功能模块在编程区

运动模块的介绍：

使用这个模块控制机器人向前走或者向后走直线，还可以控制机器人走曲线。通过运行特性也可以控制机器人走多远。如下图，其中：

运动模块

① 这个模块右上角的字母表示电机连接到NXT的哪个输出端口；

② 这个图标表示机器人运行的方向；

③ 这个图标表示电机能量。机器人的速度也可能受其他条件的影响，譬如，地面摩擦力或者机器人是在上坡/下坡；

④ 这个图标表示设置电机的延续特性是没有限制、角度、圈数或者时间。如下这个图标的①表示方向属性设置为“停止”，该设置将停止所有电机。

设置“停止”

如下图，其中的7个设置选项功能如下：

① 选择所要控制的电机端口，如果选择控制两个电机（如B和C），电机将以相同的能量向前或者向后运动。如果你选择三个电机，则电机B和C保持同步；

② 选择电机是向前、向后还是停止运行，选择停止将会重置电机；

③ 如果使用两个电机驱动一辆小车（轮子在两侧），通过移动操纵滑条可以控制机器人走曲线的方向，滑条移动到任意一端，小车原地旋转；

④ 滑条和输入框可以设置电机能量（0～100）；

⑤ 通过延续下拉菜单，可以设置电机永不间断的运行、一定时间（秒）、圈数（默认）或者角度；

⑥ 选择电机完成动作后是刹车或是缓停。如果你想让机器人停在一个精确的位置，将电机设置为刹车，设置为刹车将会使机器人在运动完之后稍微向后后退一点，这将会使 NXT 非常耗电，因为为了精确定位；

⑦ 反馈工具箱可以检测电机转了多少角度或者几圈，按重置按钮将会将数值重设为0。

“设置选项”界面

(2) 本任务的程序编写

在开始图标后放置一个马达运动图标就可以实现机器人行走，行走距离根据场地距离来设置参数。

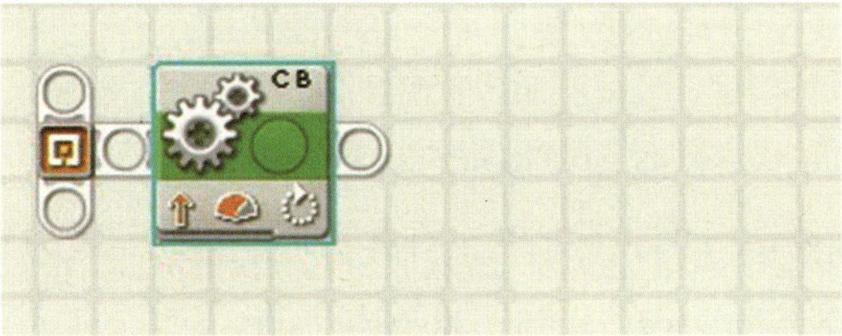

程序的编写

(3) 程序下载到NXT

如下图所示，连接NXT和计算机，通过USB数据线下载程序。当然，在将NXT连接到控制计算机之前，要确信计算机上已经安装了LEGO MINDSTORMS Education NXT Software。

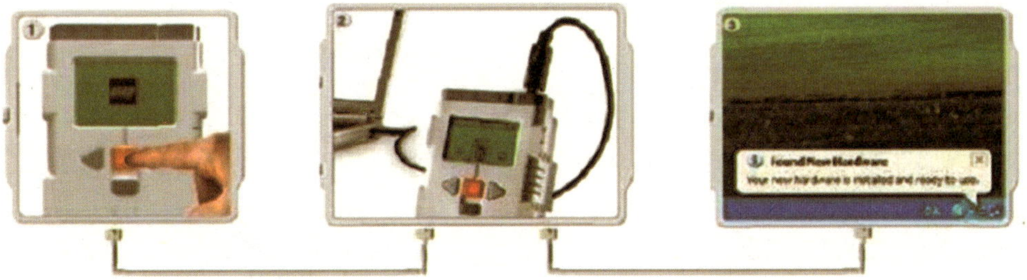

打开NXT控制器　用USB连接线将NXT与PC机连接　电脑会发现新硬件并自动安装

(4) 将小车放到场地的起点处，运行程序，测试小车的性能

四、系统优化

1.改变程序中马达能量级，比较机器人运行的速度（填写所用时间），总结马达能量级对速度的影响。

测试距离	能量级20	能量级40	能量级60	能量级80	能量级100
1米					
2米					
5米					
10米					

结论：____

____

____

____。

2.改变硬件结构，调整马达和主动轮的齿轮变比、改变主动轮的大小，比较机器人运行速度，总结影响机器人运行速度的硬件因素。

中号轮胎

测试距离	马达直接接在主动轮上	1：3	1：5	1：15
0.5米				
2米				
10米				

大号轮胎

测试距离	马达直接接在主动轮上	1：3	1：5	1：15
0.5米				
2米				
10米				

结论：____

____

____

____。

五、拓展创新

按照本任务的基本要求，利用已经做好的机器人，重新编写程序，使得机器人从起点出发，走直线到达终点线1，然后转弯走直线到终点2。

第五单元

巡线竞速小车

一、任务说明

给机器人（小车）装上眼睛，让它自己“看”路行走，是实现机器人智能化的第一步。本任务通过设计一个带光电传感器的机器人（小车），让它沿着场地上的封闭黑线实现智能竞速行走，然后让各个小组的机器人（小车）进行两两追逐赛，选拔出冠军，从而激发每个小组的创造力，不断优化自己的机器人（小车）模型。本单元通过搭建一个巡线竞速小车，进一步体会和学习机器人的模型搭建、程序编写、运动控制和测试调试等知识；同时，了解光电传感器的原理和作用，并且学会使用。

任务的具体要求是：

1.搭建两个机器人（小车）；

2.编写程序，让两个机器人在下图所示的场地上，分别从两个起点出发进行追逐赛（看哪一辆小车被追上）；

3.在行走的过程中，机器人必须一直沿着直线走，且不能脱离黑线。

场地如下：

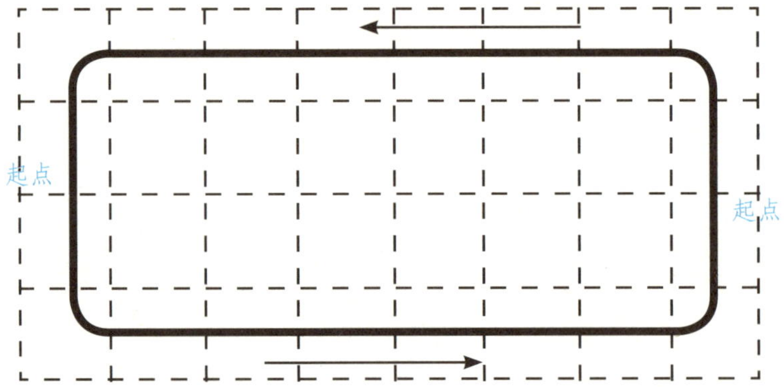

第五单元

巡线竞速小车

二、任务分析

经过上一个单元的学习，本任务需要再解决一个问题：如何让机器人（小车）沿着黑线行走，即智能化的巡线行走。这个任务需要借助光电传感器（简称光感，如下图）来解决，光电传感器能探测区分色调迥异的两种色彩（常见的为黑色和白色），从而获得引导线位置，修正机器人的运动路径。

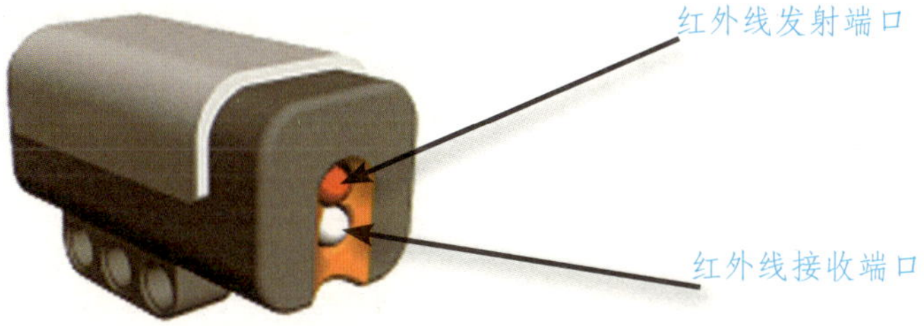

光电传感器

用“看”来形容光电传感器的功能有点夸大其辞，实际上，它只是用来检测光以及测量光的强度。当然，也可以通过将红外光发射到被测试物体表面后感应反射光的强弱来辨别颜色。

光电传感器工作时，接收端口会返回给NXT一些数值，这些数值在0～100之间，光越强，光值越大，数值就越大。那么，请大家思考：我们在检测光值时用下图所示的哪种方法最好，为什么？

光电传感器检测光值的不同方法

黑色调地面

白色调地面

下面，我们介绍“引导线光值”。通常，我们要让机器人在黑白两种色调的地面上进行巡迹时，都要通过光电传感器读取一个比较值，即引导线光值。最简单的计算方法如下：

比较值＝（白色光值＋黑色光值）÷2

现在，大家可以试一试连接光电传感器，用NXT自带光感测试程序测量被测物体不同距离时候接收的光值大小，看看不同距离测得的光感值是多少，在使用中什么距离最合适。

三、任务解决

1.分析所需要的实验器材

准备如下实验器材：1个机器人主控器NXT、2个马达、2个对地光电传感器、一些齿轮及各种搭建积木若干。

2.巡线原理分析

沿黑线行走的机器人的结构可以根据个人的喜好任意搭建。当然，今天我们讨论使用的行进装置还是轮子，由于在巡线的过程中机器人需要不断地修正运行方向，因此，建议从动轮用摩擦力较小的滑轮，也可以用万向轮。

(1) 单光感巡线算法

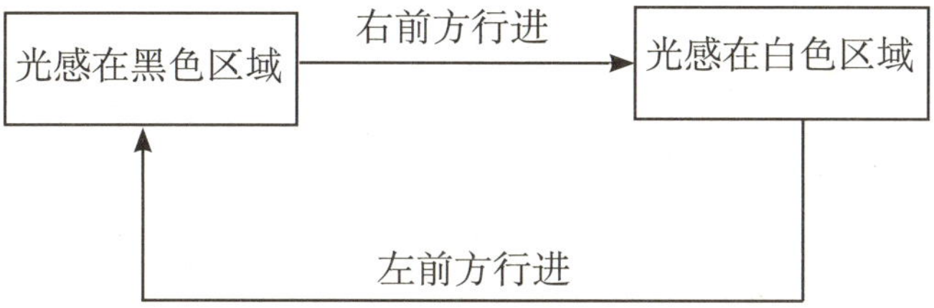

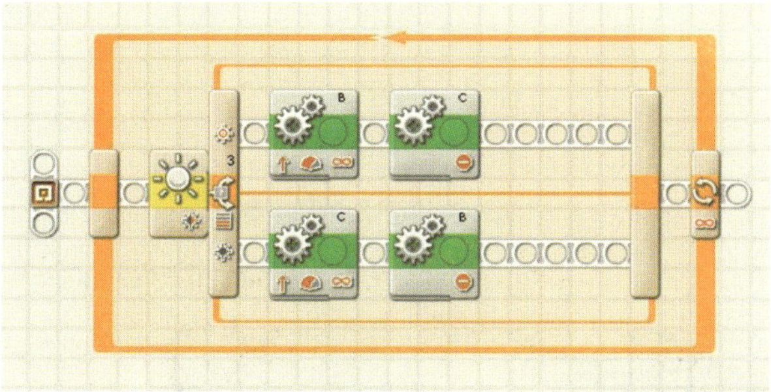

编写程序

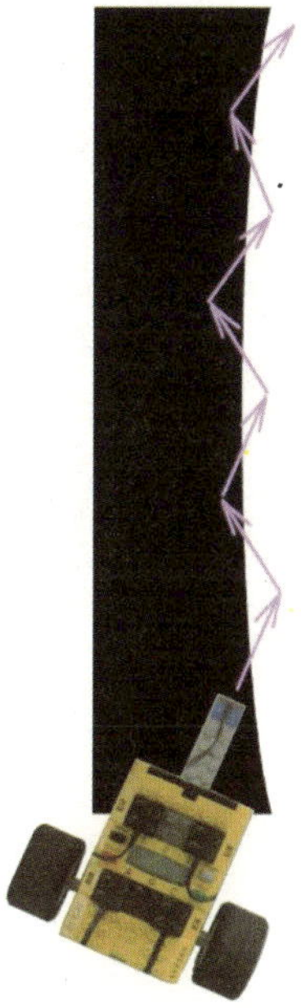

单光感巡线运动

以上程序中，3号光感的比较值需要根据实际情况检测后计算出。左前方、右前方根据机器人的结构以及黑线的不同进行调整。

(2) 双光感巡线算法

右图为机器人上两个光电传感器之间距离大于黑线宽的情况。算法中需要考虑三种因素：左右两个光感都不在黑线上，即黑线位于两个光感之间时，机器人直行；左光感位于黑线上时，机器人向左前方运行；右光感位于黑线上时，机器人向右前方运行。

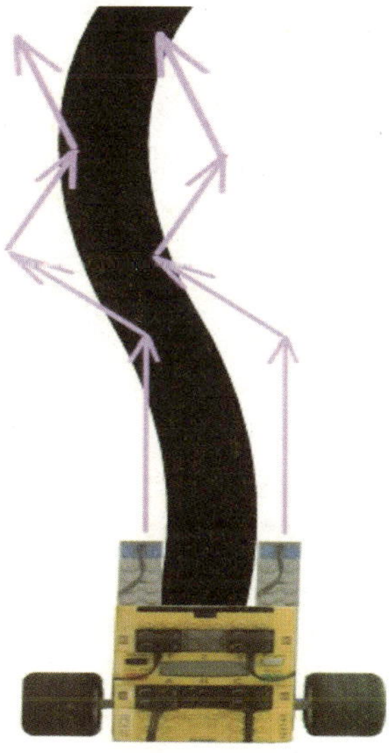

双光感巡线运动

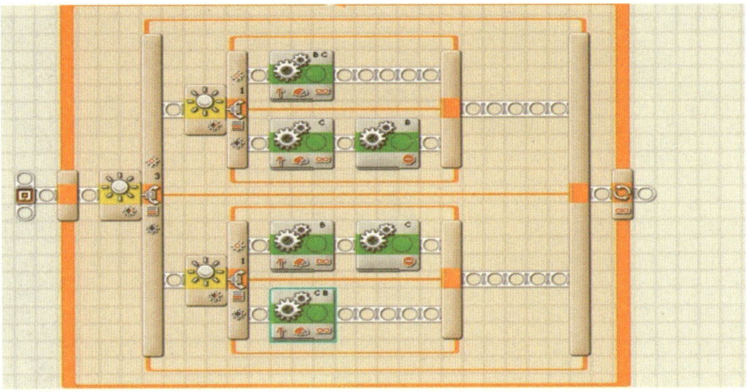

编写程序

3.搭建机器人模型

搭建如下图所示的机器人（小车），假设两个马达分别为B、C。

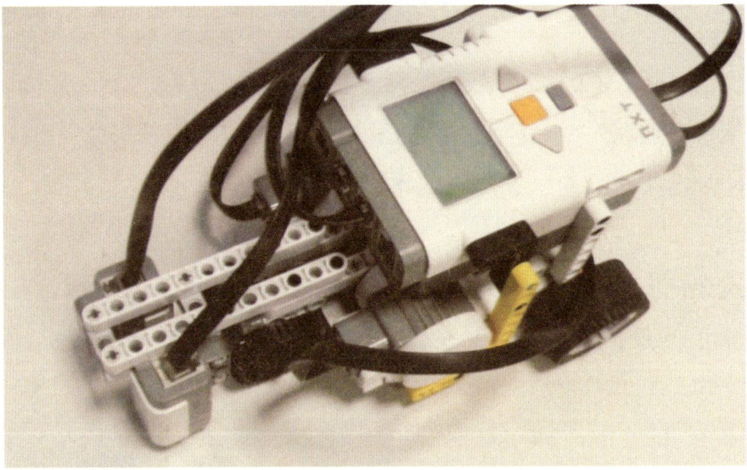

机器人——小车

4.编写控制程序

（1）循环模块

1）模块功能

通过循环模块可以重复执行某一段指令。设置条件可以结束循环，如时间、循环的次数、一个逻辑信号或者传感器的状态等。你也可以设置一个死循环。

2）显示设置

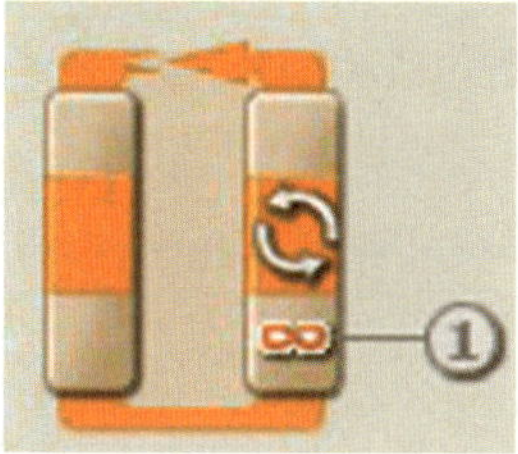

设置“永久”

设置“显示计数器”

① 当循环模块属性设置为“永久”时，将会在模块尾部下端显示一个无限（∞）图标。

② 如果选中设置面板上的“显示计数器”，会出现一个接头，可以将你所设置循环的次数作为一个输入值在程序中随时调用（如果你通过数据线连接到其他模块的数据中心）。你也可以使用当前的数值控制循环本身。

③ 如果你选择传感器来控制循环，循环尾部将会显示你所选择的传感器。例如，你选择了一个光电传感器控制循环，在循环尾部你将会看到一个光电传感器图标。当然，传感器的相关信息也会显示在设置面板上。

3）添加模块到循环模块

如果循环模块已经放在了横梁上，你会看到循环模块内部有一小段横梁。将鼠标浮动到这段横梁上面拖拽，则会得到添加模块的区域，将所要添加的图标拖拽过来即可。当然你也可以直接将所添加的图标拖拽到那段横梁上，程序会自动将模块添加到循环模块内。

4）移动循环模块

只有循环模块能够被选中，用鼠标左键选中模块本身就可以移动循环模块了；选中模块周围的部分或者模块内部是无法移动循环模块的。

5）设置循环模块

循环模块默认是无限循环。同样，循环模块也有很多，这里只以光电循环模块为例。

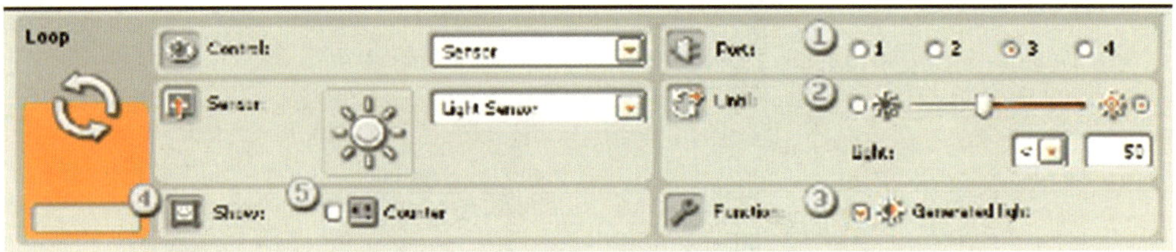

光电循环模块“设置”界面

当选择了“光电传感器”，循环内部的程序模块将等待光电传感器测到一个特定的光值才会结束循环，程序继续向下执行。

① 选择光电传感器连接的端口。默认是连接到3端口。

② 通过滑条可以设置触发值，也可以在输入框里面键入触发值。如果想大于触发值触发，则选择滑条右侧的圆形按钮；小于触发值触发，则选择左侧的圆形按钮；也可以通过滑条下面的下拉菜单来选择。

③ 如果选中“发光”，光电传感器将会打开自身的红灯并且检测是否有光返回；如果没有选中，则直接接收反射光线。

④ 反馈工具箱显示传感器实时监测到的数值。

⑤ 如果选中设置面板上的“显示计数器”，会出现一个接头，可以将你所设置循环的次数作为一个输入值在程序中随时调用（如果你通过数据线连接到其他模块的数据中心）。

6）记数

“记数”界面

如果选择了“记数”，那么循环内的任何程序都要等待记数器达到某一特定值后才能跳出循环。

① 输入想要循环的次数。例如，如果输入数值为“2”，那么程序执行两次

后自动结束。

② 通过选择“显示记数器”，能够从循环的左侧接口连接到右侧的记数器。这样能够计算出循环的次数并且在到达设定的值后跳出循环。

7）逻辑

“逻辑”界面

如果选择“逻辑”，需要通过其他模块的数据中心连接到其右侧的接口，循环内的程序将根据接收到信息的真假来结束循环。

① 选择逻辑类型：真或者假。

② 如果选择了配置面板上的“显示记数器”，在循环的左侧如同记数一样能够显示一个接口，通过数据线可以进行动态定义。

（2）判断模块

1）模块功能

通过该模块可以在两种不同情况间进行选择。例如，触动传感器判断：当触动被按下的时候执行一段程序，当弹开的时候执行另一段程序。

2）显示设置

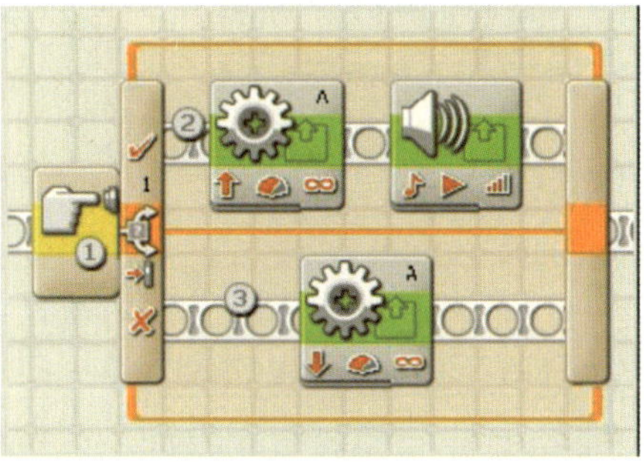

触动传感器判断模块

① 这个图标显示判断的条件是传感器还是其他条件，图中所表示的状态是触动传感器判断模块。

② 当触动传感器被按下，上面的模块将被执行。

③ 当触动传感器松开则执行下面的支路。

判断模块的执行

④ 如果你选择数值条件来控制判断模块，一个数据线头将会显示在判断模块前端的下部。你必须从另外一个模块连接一个逻辑或者数值才能控制判断模块。

“显示直线观看”界面

⑤ 通过“显示直线观看”可以改变判断模块的显示形式，去掉“直线观看”前面的对勾，判断模块将会将判断模块变成标签显示模式，可以通过单击标签来选择相应条件下相对应的程序，同样可以对模块进行修改。

3）添加模块到判断模块

同循环模块内一样，将所需模块拖拽到判断模块相应分支的空白位置即可。判断模块能够自动适应。

4）移动判断模块

只有判断模块本身能够被选中，用鼠标左键选中模块本身就可以移动判断模块了；选中模块周围的部分或者选中模块内部是无法移动判断模块的。

5）设置判断模块

判断模块种类也有很多，同样以光电传感器为例。

光电传感器判断模块的“设置”界面

① 通过“直线显示”，判断模块分支可以变成通过标签来切换。单击标签，可以观察和编辑模块，也可以看清楚什么条件触发相应模块运行。

② 选择光电传感器所连接端口。默认光电传感器连接到3端口。你可以根据需求来改变。

③ 通过滑条设置触发值或者在输入框内键入数值。默认值为50，如果光电探测到的数值高于50将运行上面的分支，如果低于50则运行下面的分支。

④ 如果选中“发光”，光电传感器将会打开自身的红灯并且检测是否有光返回；如果没有选中，则直接接收反射光线。

⑤ 反馈工具箱显示传感器实时监测到的数值。

(3) 任务的程序编写

沿黑线行走需要用到光电传感器判断地面黑线位置，一般情况下可以用一个或多个光电传感器来实现巡线。

单光感走黑线程序如下图：

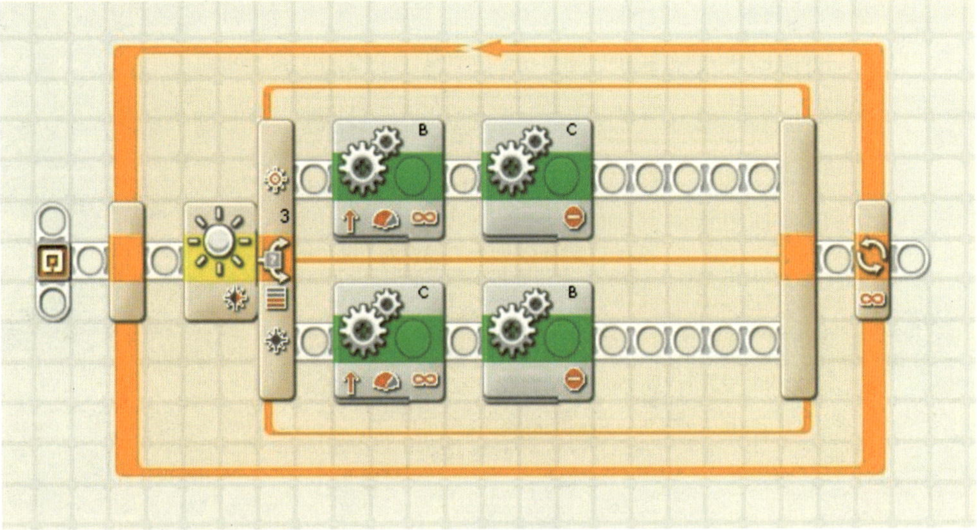

单光感走黑线程序

双光感走黑线程序如下图：

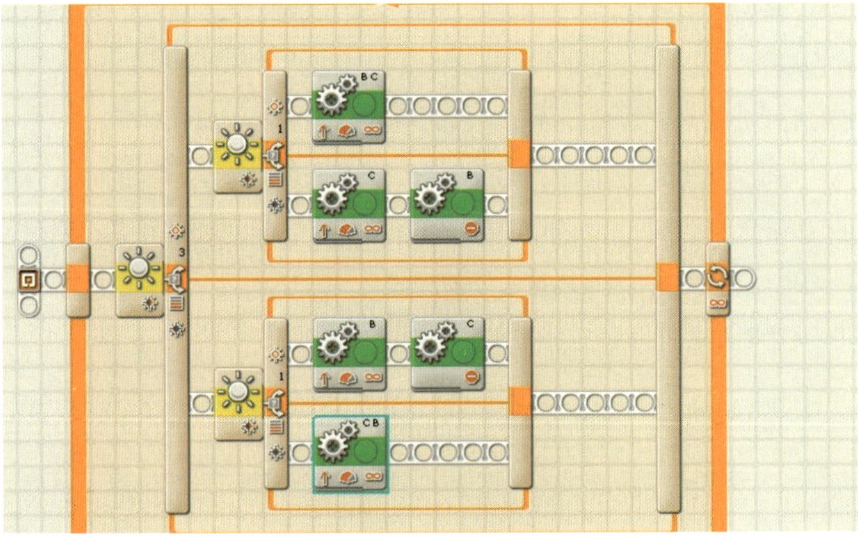

双光感走黑线程序

(4) 连接NXT和电脑，将程序下载到NXT

(5) 将小车放到场地的起点处，运行程序，测试小车的性能

四、系统优化

1.尝试改变机器人的硬件结构，使机器人能够更快地巡线行走。总结是哪些因素影响机器人巡线行走的速度。

结论：____

____

____

____。

2.调整程序中马达运动的能量级别，总结影响机器人巡线运行速度的因素，并寻找出最佳速度。

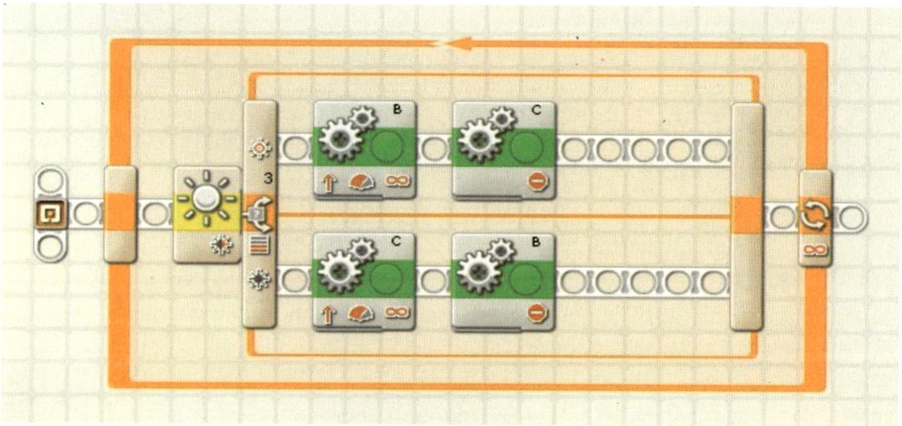

比较项	上面B马达	上面C马达	下面B马达	下面C马达	走一圈所用时间（秒）
马达能量级别状态1	10	停	停	10	
马达能量级别状态2	50	停	停	50	
马达能量级别状态3	75	停	停	75	
马达能量级别状态4	100	停	停	100	
马达能量级别状态5	75	−10	−10	75	
马达能量级别状态6	75	10	10	75	
马达能量级别状态7	75	50	50	75	
马达能量级别状态8	100	10	10	100	
马达能量级别状态9	100	50	50	100	

结论：____

____。

五、拓展创新

1.如果在场地上有十字交叉的引导线，你如何来编写程序？如果是三个光感，如何实现机器人走黑线？

2.如何实现沿黑线走一圈停下？

第六单元
巡线投篮小车

一、任务说明

本单元通过搭建一个巡线投篮小车，从指定起点沿曲线行走到篮筐前投篮，来学习机器人机械手的设计搭建、程序编写、运动控制等知识环节。

任务的具体要求是：

1.搭建一个带有投篮装置的机器人（小车）；

2.编写程序，让机器人在如下图所示的场地上，分别从起点出发行走到篮筐前投掷一个乒乓球到篮筐中，返回起点再装球，看哪一辆小车在规定时间内投进的乒乓球多；

3.在行走的过程中，机器人（小车）必须一直沿着黑线走，不能脱离黑线，在启动区可以调整机器人的位置和手动装载乒乓球。

场地如下：

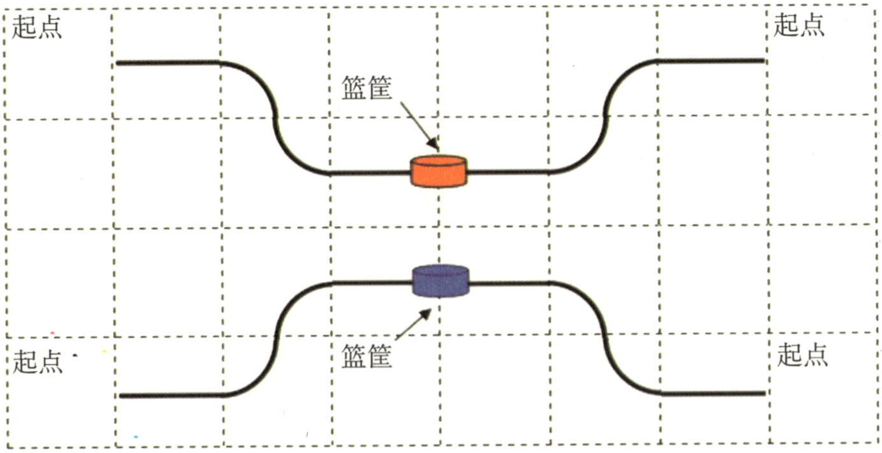

二、任务分析

机器人（小车）不脱离黑线快速行走和投篮装置设计是本任务需要解决的两个问题。本单元主要学习如何设计投篮装置。乒乓球投入篮筐中的方法可以有放入、抛入、弹入等多种手段，如何设计最佳的投篮装置是本单元的研究重点。

三、任务解决

1.分析所需要的实验器材

准备如下实验器材：1个机器人主控器NXT、3个马达、2个对地光电传感器、搭建积木若干。

2.投掷装置原理分析及设计

（1）无动力投放式

实现方法：可以利用小车的惯性，使摆放在小车上面的乒乓球滑落入指定篮筐中。

优点：搭建方便。

缺点：投球效率低，准确性差，在运送过程中乒乓球容易掉落。

参考搭建图：

无动力投放式

（2）有动力抓取投放式

实现方法：利用马达搭建一个可以抓住乒乓球的抓手，伸在小车的前方，抓住乒乓球，到达篮筐的上方时，马达转动，放开乒乓球，掉落在篮筐中。

优点：抓手在运球的过程中，抓住乒乓球，不容易掉落。

缺点：投球效率不高。

参考搭建图：

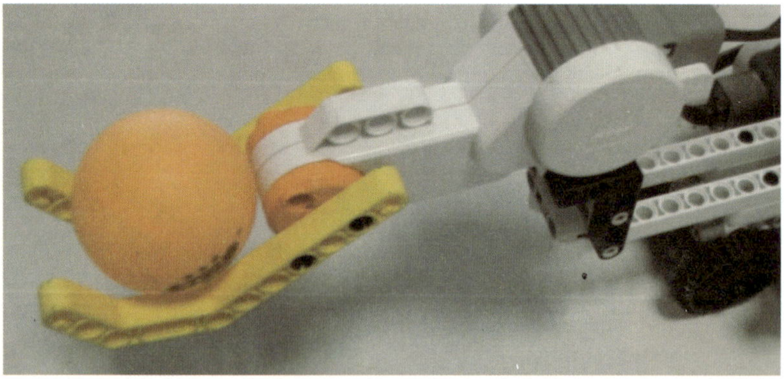

有动力抓取投放式

(3) 有动力抛射式

实现方法：利用马达动力搭建一个较长的手臂，在离篮筐一定距离的地方开始抛出乒乓球，使乒乓球进入篮筐。

优点：投球效率提高。

缺点：投球的准确性差。

参考搭建图：

有动力抛射式

3.编写控制程序

(1) 声音模块介绍

1）模块功能

通过这个模块可以演奏一个声音文件或者一个单音节。为了编曲，需要将多个声音模块排成一列然后分别设置不同的音节。

如果在属性面板上选择了"等待完成"，声音文件或者音节演奏完之后才会执行下一个模块。如果没选，将会随着下一个模块一起运行。

选择"重复"将会持续不断的演奏声音文件。

设置"重复"

① 这个图标显示是演奏声音文件还是音节。

② 这个图标显示模块是开始还是停止演奏声音。

③ 这个图标显示模块的音量。（四个橘黄色条代表音量最大）

④ 可以通过数据中心来改变声音模块的属性。

3.1.2 设定声音模块

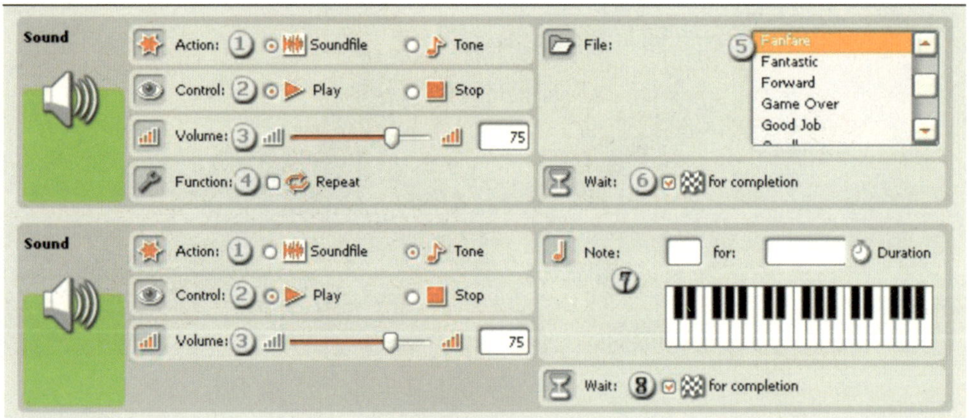

"声音模块"界面

① 通过这个属性你可以选择是演奏一个声音文件还是音节。

② 选择开始演奏或者停止一段音乐或者音节。

③ 通过滑动滑条设置音量，还可以在文字区键入精确的数值。

如果你选择演奏一个声音文件（设置面板中最上面第一个），你可以额外设置以下特性：

④ 该功能特性会使你的声音文件不间断的播放。一旦选中该特性，“等待完成”特性将变暗从而不可用。

⑤ 从这里可以通过名字选择你所需要的声音文件。这些声音文件按照字母的顺序排列。在LEGO MINDSTORMS Edu NXT安装路径声音文件夹下可以找到这些文件。单击每个名字可以试听。（如果想让机器人发出自己的声音，可以下载声音转换程序，转化成*.rso文件，然后拷贝到声音文件夹下即可。）

⑥ 如果选择了“等待完成”，直到声音文件播放完才会执行下一动作。没有选择，声音文件则会和下一个动作一起执行。如果下一个模块是另外一个声音模块的话，程序自动停止第一个声音而演奏第二个声音。

如果选择了音节（设置面板最上面第二个），你可以设置以下特性：

⑦ 通过节点特性可以编曲。小键盘代表三拍八音阶。小键盘上方的文本框显示你所按下的音符，后面的输入框用来设定音符持续的时间，是所设时间的1/10秒。

⑧ 如果选择了“等待完成”，直到音符播放完才会执行下一个动作。如果没有选择，则和下一个动作一起执行。

（2）任务的程序编写

判断是否到达投球位置和投球时间是否结束是本任务的主要判断点。判断时间结束可以由机器人来决定，也可以由操作的人来判断，而判断投球位置一般情况下由机器人来智能判断，我们可以事先设定或由测距等传感器来智能判断。

投篮任务程序流程图：

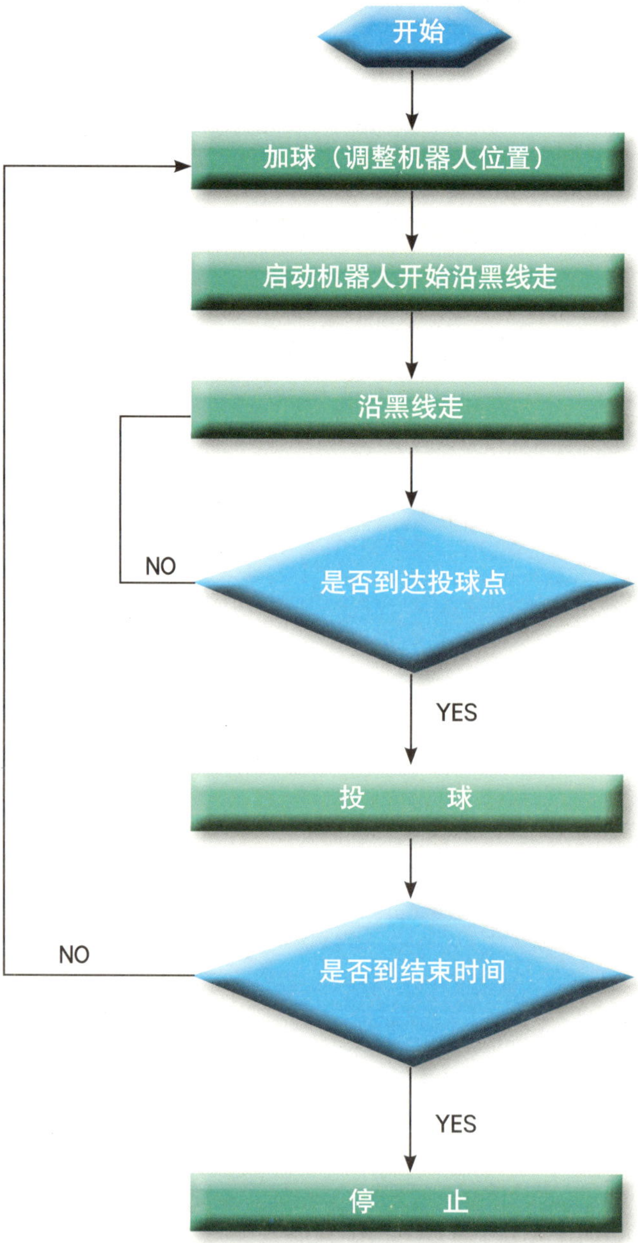

程序流程图

（3）连接NXT和电脑，程序下载到NXT

（4）将小车放到场地的起点处，运行程序，测试小车的性能

四、系统优化

1.尝试改变机器人的硬件结构，使机器人能够更快更准地进行投球。写出你是如何改进的。

结论：____

____

____

____。

五、拓展创新

如果每次出启动区可以携带多个乒乓球，分多次投球，如何设计可以连续多次投球的装置?

第七单元

巡线搬运小车

一、任务说明

本单元通过搭建一个巡线搬运小车，从指定起点沿黑线行走到指定方台位置，抓取积木块运送到指定的方台上，来学习机器人机械手的设计搭建、程序编写、运动控制等知识环节。

任务的具体要求是：

1.搭建一个带有抓取装置的机器人（小车）；

2.编写程序，让机器人在如下图所示的场地上，从起点出发行走到黄色的方台位置，抓取起方台上的积木块，运送到蓝色方台上，最后机器人停在起点线上；

3.在行走的过程中，机器人（小车）必须一直沿着黑线走，不能脱离黑线。

场地如下：

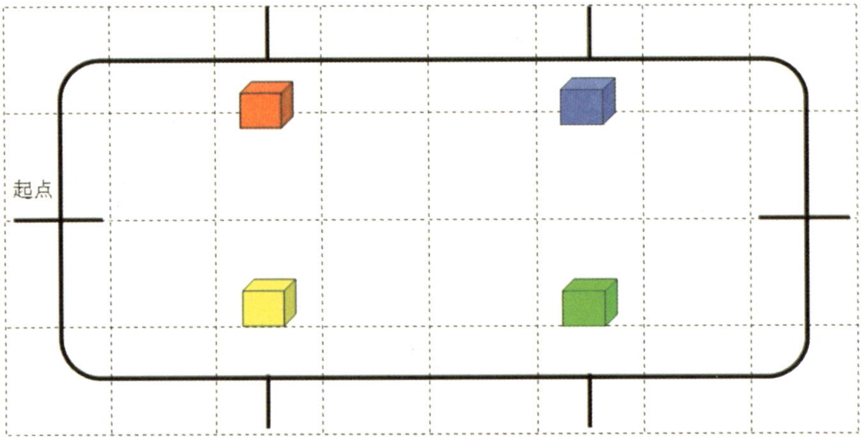

二、任务分析

小车不脱离黑线快速行走、抓取积木块的装置设计和确定方台位置是本任务需要解决的三个问题。本单元重点研究如何设计抓取装置和确定方台位置。

三、任务解决

1.分析所需要的实验器材

准备如下实验器材：1个机器人主控器NXT、3个马达、2个光电传感器、颜色传感器、搭建积木若干。

2. 抓取装置原理分析及设计

（1）马达直驱式

这种装置直接在马达上运行，是安装最方便、抓举物体最好的装置。你还可以依靠马达内的角度传感器，估计所抓物体的大概尺寸。

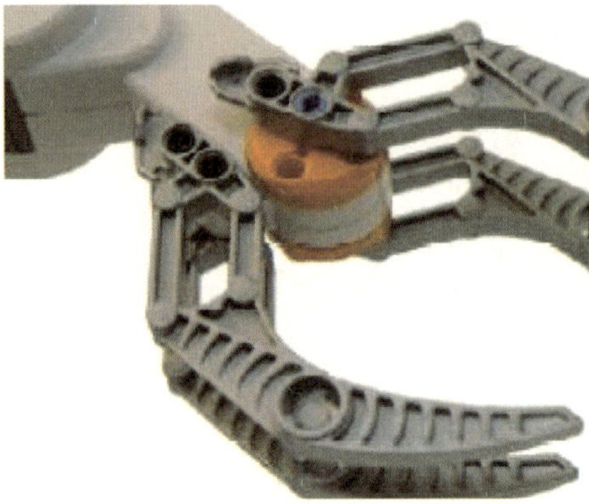

马达直驱式抓取装置

（2）齿轮驱动式

典型的爪子使用一个齿轮或凸轮，由马达驱动，控制其打开、关闭。

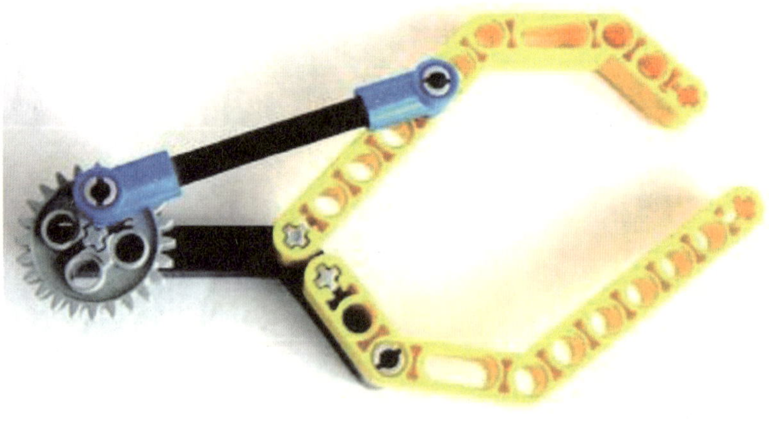

齿轮驱动式典型结构

这个爪采用了经典的剪切机械结构，由一个40齿齿轮来驱动。改变杆形臂长度将会影响爪的张开幅度。

齿轮驱动式剪切机械结构

（3）蜗轮蜗杆式

两个24齿齿轮保持上下两个爪能够同步。由于减速较大，此爪可以产生很大的抓取力，可能会把物体弄坏。

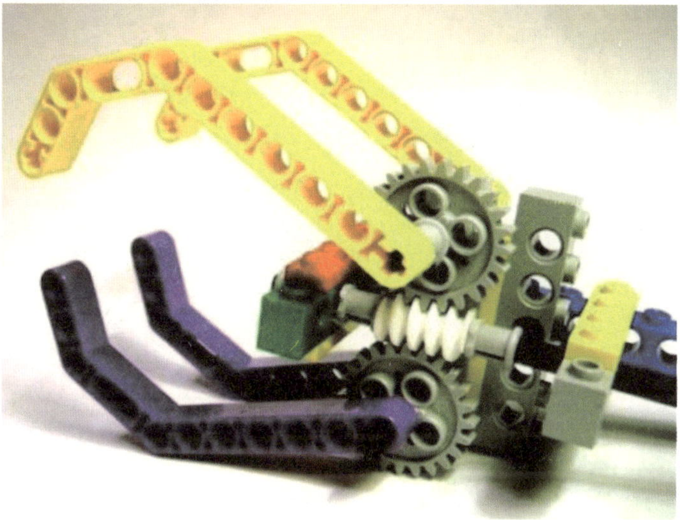

蜗轮蜗杆式抓取装置

3.控制程序分析及编写

（1）显示模块介绍

1）模块功能

通过这个模块可以在NXT的液晶屏上显示一幅图、写入文本或者画一个形状。

通过排列多个显示模块，然后再对每个模块进行不同的设置可以创造出更复杂的画。

如果想要在开始之前清除屏幕上的内容，需选择“清除”属性。

如果你想返回到默认的LEGO MINDSTORMS 图标，则选择下拉菜单中的重置。屏幕像素为100×64。

显示模块示意图表

① 这个图标显示该模块设置的是显示图像、文本或者是图画；也会显示是否将显示屏重设为默认图标。

② 可以通过连接数据线到其他模块的数据中心来改变数值。

2）设置显示模块

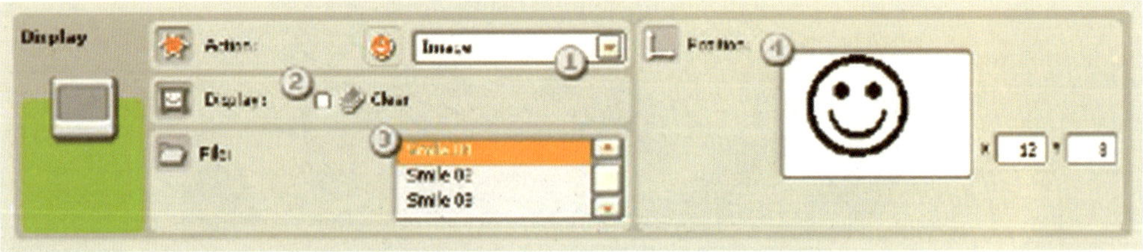

“显示图像”模块操作界面

① 通过下拉菜单选择是显示图像、文本或者是图画，还是要重设显示屏。

② 如果想要清除屏幕上的内容，需选择“清除”属性。

如果你要显示图像（如上面面板所示），你需要进行以下操作：

③ 文件特性让你来选择你所需要的图像。单击每个名字可以预览。这些图像保存在软件安装目录下的Image文件夹下。

④ 使用鼠标移动图像、文本或者图画，并可以在小屏幕上预览。在两个输入框内分别键入0，你将发现图像显示在屏幕的左下角。

"显示文本"模块操作界面

如果你选择显示文本（如上图所示），你将进行如下操作：

⑤ 通过文本特性可以在液晶显示屏上显示文本。

⑥ 通过下拉菜单选择屏幕上显示文字的数量，或者用X和Y输入框来设置文字的起始位置。两个输入框内都键入0，文本将显示在屏幕的左下角。

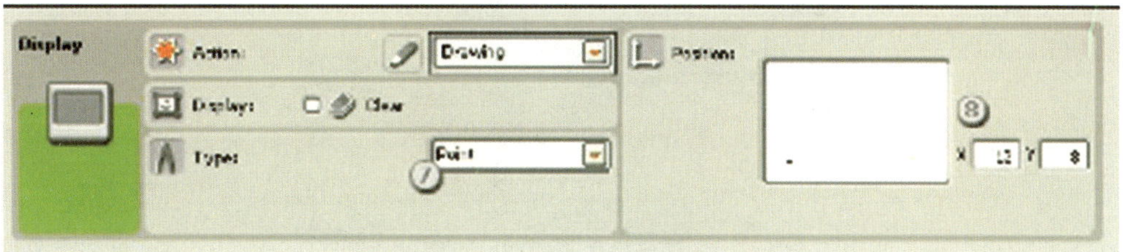

"画一幅图"模块操作界面

如果你选择画一幅图（如上图所示），你需要进行以下操作：

⑦ 通过类型特性可以选择你想要画的外形，是点，线还是圆。

⑧ 如果选择画点，X和Y的值将决定点在屏幕上的位置。两个输入框内都键入0，点将显示在屏幕的左下角。

(2) 任务的程序编写

判断到达抓球位置和摆放位置是本任务的要点。判断抓积木块位置和放积木块位置，一般情况下由机器人来智能判断，我们可以事先设定或由测距等传感器来智能判断。

程序流程图如下：

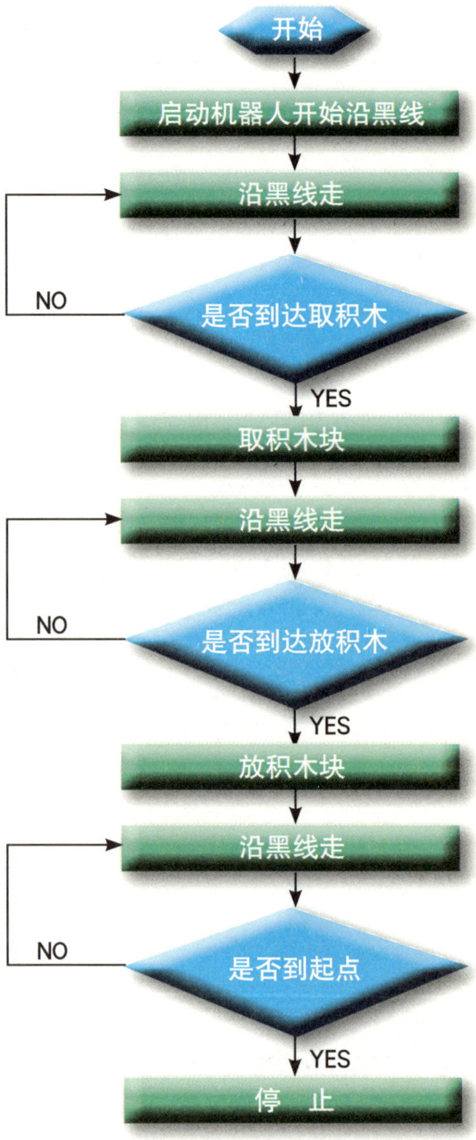

程序流程图

（3）连接NXT和电脑，将程序下载到NXT

（4）将小车放到场地的起点处，运行程序，测试小车的性能

四、系统优化

1.尝试改变机器人的硬件结构，使机器人能够更准确地抓取和放下积木块。总结是哪些结构设计能够更好地抓取和放下积木块。

结论：____

____

____

____。

2.调整程序和传感器以及结构，使机器人能更准确地判断抓取和放下积木块的停车位置。

结论：____

____

____

____。

五、拓展创新

按照本任务的基本要求，我们编写了符合要求的运行程序，完成了任务。那么，思考一下，在不修改程序的前提下，如何实现随机给定取积木块和放积木块的程序？

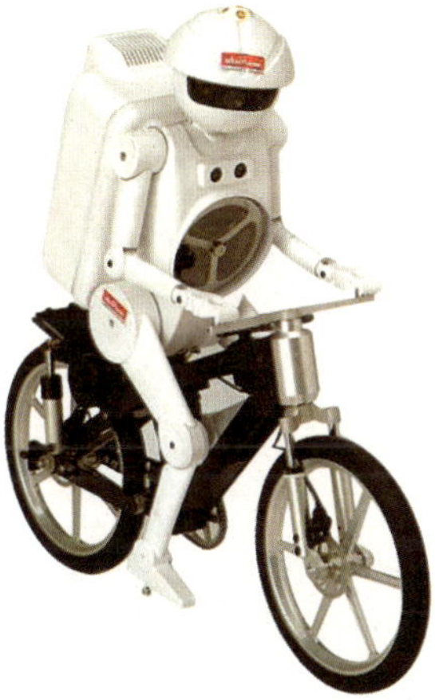

第八单元
巡线接力小车

一、任务说明

本单元搭建一个巡线接力小车，由两组合作完成任务。1号机器人从接力区携带一个乒乓球出发，沿黑色引导线行走一圈，到达接力区时将携带的乒乓球交接给在接力区等待的2号机器人，同时启动2号机器人，2号机器人沿黑色引导线一周后回到接力区停下。

任务的具体要求是：

1.搭建一个带有交接球装置的机器人（小车）；

2.编写程序，让机器人在如下图所示的场地上完成巡线接力任务。1号机器人（小车）从接力区携带一个乒乓球出发沿黑线行走一圈，到达接力区时候交接球给2号机器人，同时自动启动2号机器人，2号机器人再沿黑色引导线一圈，停在接力区。看哪两组的2辆小车完成任务所用的时间最短；

3.在行走的过程中，机器人（小车）必须一直沿着黑线走，不能脱离黑线，乒乓球不能掉落，机器人放入场地启动后就不得用手触碰，直到整个任务结束。

场地如下：

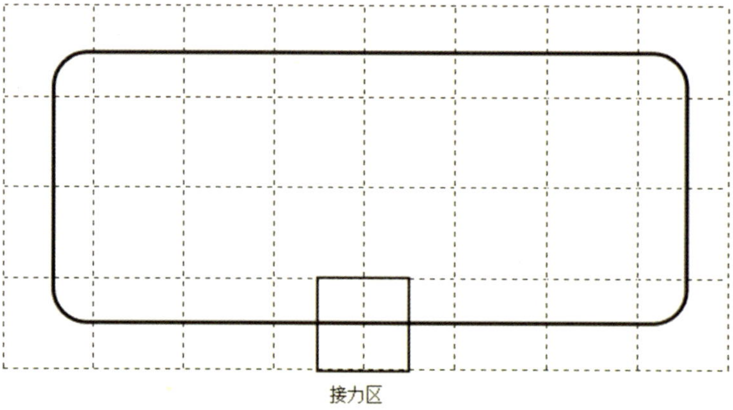

二、任务分析

小车不脱离黑线快速行走、交接乒乓球、自动启动2号小车是本任务需要解决的三个问题。本单元重点研究和学习如何设计交接乒乓球和自动启动2号小车。

三、任务解决

1.分析所需要的实验器材

准备如下实验器材：1个机器人主控器NXT、3个马达、2个对地光电传感器、搭建积木若干。

2.交接球装置原理分析及设计

1号机器人的任务是把携带的乒乓球在交接区交到2号机器人上，同时给2号机器人一个信号，启动2号机器人。把乒乓球交给2号机器人的装置要和2号机器人的接球装置相互配合才能完成任务。

交接装置和巡线投篮机器人的装置相类似，可以是放进去也可以是投入等方法。

3.自动启动装置原理分析及设计

启动装置是本任务中需要设计的一个重要环节，可以通过触碰、测距、光电传感器等方法来启动2号机器人。

方法1：利用1号机器人在交接区碰撞2号机器人尾部的触碰传感器，从而启动2号机器人。缺点是可能有时候碰撞不准，不能启动2号机器人。

方法2：利用1号机器人在交接区接近2号机器人尾部的测距传感器的时候，从而启动2号机器人。缺点是可能有时候受到其他接近机器人的物体干扰，从而启动2号机器人。

方法3：利用机器人之间的蓝牙通讯，实现控制。缺点是编程比较复杂。

4.编写控制程序

（1）任务的程序编写

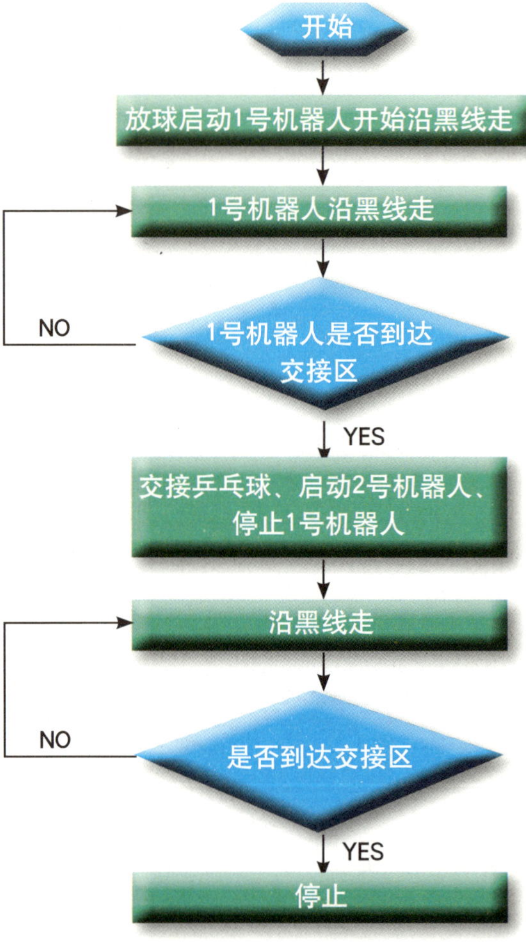

程序流程图

（2）连接NXT和电脑，将程序下载到NXT

（3）将小车放到场地的起点处，运行程序，测试小车的性能

四、系统优化

1. 尝试改变机器人的硬件结构，使机器人能够更好地实现乒乓球交接。

结论：____

____。

2. 列举更多方法可以使1号机器人自动启动2号机器人，分析各种方法的优缺点。

结论：____

____。

五、拓展创新

修改机器人的结构和程序，实现1号机器人沿线一周在交接区将乒乓球交接给2号机器人，同时启动2号机器人沿线一周后在交接区将乒乓球再交接给1号机器人，同时启动1号机器人沿线一周在交接区将乒乓球再交接给2号机器人，同时启动2号机器人沿线一周后停在交接区。